高职高专“十三五”规划教材

煤转化

MEI ZHUANHUA

张红梅　主编

化学工业出版社
·北京·

《煤转化》是为了适应高职高专化工技术类专业的教学需要而编写的，本书以过程性知识为主，辅以适度够用的基本理论，突出课程的应用性和实践性。内容包括煤液化、煤气化、煤的焦化、实践操作四个项目，主要介绍了各项目的发展概况、主要产品、影响因素、基本原理、主要设备、生产技术等。

本书可作为高职高专煤化工、应用化工等相关专业的学生的教材，并兼顾化工类中职和煤化工企业职工岗前培训的需要，同时也可作为煤化工及相关专业技术人员的参考用书。

图书在版编目（CIP）数据

煤转化/张红梅主编. —北京：化学工业出版社，2019.8（2023.2重印）
ISBN 978-7-122-34530-1

Ⅰ.①煤… Ⅱ.①张… Ⅲ.①煤-转化 Ⅳ.①TQ530.2

中国版本图书馆 CIP 数据核字（2019）第 095810 号

责任编辑：张双进　　文字编辑：向　东
责任校对：王　静　　装帧设计：王晓宇

出版发行：化学工业出版社有限公司（北京市东城区青年湖南街 13 号　邮政编码 100011）
印　　装：北京科印技术咨询服务有限公司数码印刷分部
787mm×1092mm　1/16　印张 9　字数 217 千字　2023 年 2 月北京第 1 版第 2 次印刷

购书咨询：010-64518888　售后服务：010-64518899
网　　址：http://www.cip.com.cn
凡购买本书，如有缺损质量问题，本社销售中心负责调换。

定　　价：38.00 元

版权所有　违者必究

前言 —— Preface

我国的资源特点是“富煤、贫油、少气”。我国有丰富的煤炭资源，煤炭产量和消费量均居世界首位。随着我国制造业和创造业的发展，对能源的需求也在不断地增加，我国已成为能源生产和消费大国，大力发展煤化工技术是保证我国能源安全及化学工业发展的一项重要而紧迫的任务。国内化工、电力、煤炭等行业也纷纷进行这些技术领域的应用、示范，已经形成了对这些技术的巨大需求。

煤的气化过程是煤或煤焦与气化剂（空气、氧气、水蒸气、氢气等）在高温下发生化学反应，将煤或煤焦中的有机物转化为煤气的过程；煤的液化过程是以煤为原料，经过一系列的加工，将煤转化为液体油品的过程，俗称“煤制油”；煤的焦化过程是煤在隔绝空气的条件下，加热到 950～1050℃，经过干燥、热解、熔融、黏结、固化、收缩等阶段，最终制得固体焦炭的过程，俗称“炼焦”。煤的气化技术是发展新型煤化工的重要单元技术，将煤炭进行气化，利用合成气生产清洁、高效的二次能源，不但有效地提高了煤炭利用率，同时提高了煤炭的附加值率，合成气深加工后可增值几十甚至几百倍；煤的液化技术作为新型煤化工的一个重要单元技术，不仅可以将煤转化为替代石油产品的液体产品，而且可以使煤炭中存在的许多人工不能合成的化学品得到合理应用；煤的焦化是气化、液化等转化技术中最为成熟、转化效率最高的工艺，也是高炉炼铁的主要辅助产业。

《煤转化》教材是中央财政支持高等职业学校提升专业服务产业能力项目“煤化工技术专业”建设项目的主要内容之一，教材内容的选取是在校企合作、深度调研的基础上完成的。该教材是以《教育部 财政部关于支持高等职业学校提升专业服务产业发展能力的通知》（教职成［2011］11号）、2012年《高等职业学校专业教学标准（试行）》以及相关工种职业资格标准为依据，实现职业教育“五个对接”：专业与产业、职业岗位对接，专业课程内容与职业标准对接，教学过程与生产过程对接，学历证书与职业资格证书对接，职业教育与终身学习对接，从而提高专业服务产业的能力。

本教材主要定位于高职高专的教学，并兼顾化工类中职和煤化工企业职工岗前培训的需要，适用于煤化工、化工生产技术、应用化工等专业，同时也能满足煤化工及各相关专业技术培训的需要。

本教材由山西轻工职业技术学院张红梅主编。教材共分四个项目十五项任务，项目一共有六项任务，项目二共有三项任务，项目三共有三项任务，项目四共有三项任务。其中项目一（任务五）由太原理工大学煤科学与技术重点实验室王建成编写，项目二（任务三）由中国科学院山西煤炭化学研究所杨利编写，项目三（任务二）由太原理工大学化学化工学院常宏宏编写，其余项目及任务均由山西轻工职业技术学院张红梅编写。全书由张红梅统稿，由中国日用化学工业研究院牛金平高级工程师主审。

本教材在编写过程中，参考了相关专著和资料，在此谨向其作者表示感谢。山西轻工职业技术学院化工系各位老师在初稿撰写、内容编排、现场勘查等方面提供了无私的帮助和支持，在此表示最诚挚的谢意。同时还要感谢提供现场实地参观考察机会的山西聚源煤化有限公司、山西宏特煤化工有限公司等煤化工企业和山西轻工职业技术学院的领导以及在教材编写过程中给予热心帮助的各位同仁们。

由于煤的转化技术涉及的专业面宽、技术新，又限于篇幅和学时数，在内容的深度和广度上必然有一定的局限性。鉴于作者水平有限，不妥之处恳请读者批评指正。

编　者

2019年3月

目录 —— Contents

项目一 煤气化 001

任务一 认识煤气化技术 / 001
一、煤气化发展简史 / 001
二、煤气化简介 / 001
三、煤气化技术分类 / 003
四、煤气化的几个过程 / 005
五、煤气化过程的主要评价指标 / 007
六、煤气化应用展望 / 008
任务二 煤气化原理 / 009
一、煤气化原理简述 / 009
二、煤气化的影响因素 / 010
任务三 空气深冷液化分离 / 016
一、空气的组成及物理化学性质 / 016
二、深冷分离工艺技术 / 017
三、变压吸附的工艺技术及主要设备 / 028
任务四 气化过程生产技术 / 029
一、概述 / 029
二、移动床气化工艺 / 029
三、流化床气化工艺 / 048
四、气流床气化工艺 / 053
五、熔融床气化工艺 / 059
任务五 煤制天然气 / 062
一、概述 / 062
二、煤制天然气工艺 / 063
任务六 煤气净化技术 / 065
一、概述 / 065
二、煤气除尘 / 066
三、煤气脱硫 / 070

项目二 煤液化 086

任务一 认识煤液化技术 / 086

一、煤液化发展概况 / 086
二、煤液化的方法 / 086
三、液化用煤种的选择 / 086
四、煤液化主要产品 / 087
任务二　煤直接液化技术 / 087
一、煤直接液化原理 / 087
二、煤直接液化催化剂 / 088
三、煤直接液化设备 / 089
四、煤直接液化技术 / 090
任务三　煤间接液化技术 / 99
一、煤间接液化原理 / 99
二、煤间接液化催化剂 / 100
三、煤间接液化设备 / 101
四、煤间接液化技术 / 101

项目三 煤的焦化 105

任务一　认识煤的焦化技术 / 105
一、煤焦化发展概况 / 105
二、煤焦化主要化学产品及回收 / 106
任务二　煤焦化原理 / 106
一、成焦机理概述 / 106
二、影响制焦化学产品的主要因素 / 109
任务三　煤焦化技术 / 110
一、炼焦用煤 / 110
二、炼焦炉的机械与设备 / 111
三、炼焦新技术 / 117

项目四 实践操作（水煤浆加压气化工段工艺仿真实训） 119

任务一　认识化工仿真培训系统 / 119
一、系统仿真简介 / 119
二、化工仿真培训系统简介 / 120
任务二　认识工艺流程 / 123
一、水煤浆制备 / 123
二、水煤浆加压气化 / 123
三、黑水处理 / 125
四、灰水处理 / 127

任务三　仿真系统操作 / 128
一、系统冷态开车操作 / 128
二、系统正常停车操作 / 133
参考文献/ 136

项目一　煤气化

任务一　认识煤气化技术

一、煤气化发展简史

各国的燃气工业发展情况大体上经历了煤制气为主、油制燃气为主或煤、油制气混合应用到天然气为主的发展阶段。燃气一般包括天然气、液化石油气和人工煤气，它不仅是现代化工的重要原料，更是人们日常生活中不可或缺的燃料。

（一）煤气化起源阶段

煤气化发展起源于18世纪后半叶，煤主要用来生产民用煤气。生产的干馏煤气用于城市街道照明，生产的增热水煤气作为城市煤气使用。

（二）煤制液体燃料发展阶段

煤制液体燃料（即煤制油）发展于第二次世界大战时期，以煤气化所得一氧化碳（CO）和氢气（H_2）为原料，利用费-托（Fischer-Tropsch）合成法（简称F-T合成）生产液体燃料在德国得到迅速发展，在此期间，德国共建立了9个合成油厂。南非由于其所处的特殊地理、政治环境以及资源条件，以煤为原料合成液体燃料的工业一直在发展，在20世纪50年代初，成立了Sasol公司，1955年建成了Sasol-Ⅰ F-T合成工业装置，并先后开发Sasol-Ⅱ和Sasol-Ⅲ，1982年相继建成两座规模为年产1.6Mt的人造石油生产工厂。

（三）新技术开发阶段

20世纪七八十年代，在煤制化学品方面，羰基合成技术是一个重要突破。到20世纪80年代末，以煤的气化制合成气，采用羰基合成技术，开始大型化生产乙酐（$CH_3COOCOCH_3$）、乙酸（CH_3COOH）。

（四）战略与经济发展阶段

随着煤气化生产技术的进一步发展，以生产含氧燃料为主的煤气化产业，市场发展前景广阔，比如煤气化合成甲醇（CH_3OH）、二甲醚（CH_3OCH_3）等。

研究表明：煤气化技术在单元工艺（如煤气化和气体净化）、中间产物（如合成气、氢气）、目标产品等方面有很大互补性，将不同工艺进行优化组合，实现多联产，并与尾气发电、废渣利用等形成综合联产，以达到资源综合利用的目的，从而可有效地减少工程建设投资、降低生产成本、减少污染物或废物的排放。煤化工联产是发展的重要方向。

二、煤气化简介

煤气化是煤转化的主要途径之一，煤的气化过程是热化学过程，是煤或煤焦与气化剂在高温下发生化学反应，将煤或煤焦中的有机物转变为煤气的过程。

煤气化过程可用下式表示：

$$煤 \xrightarrow[气化剂]{高温、高压} C + CH_4 + CO + H_2 + CO_2 + H_2O$$

煤气是煤与气化剂在一定条件下反应得到的混合气体，即气化剂将煤中的碳转化为可燃性气体。煤气的有效成分为一氧化碳（CO）、氢气（H_2）、甲烷（CH_4），可作为化工原料、城市煤气和工业燃气等。

煤气的发热值是指标准状况下 1m^3煤气完全燃烧时所放出的热量。

高热值：燃烧产物中的水分以液态形式存在。

低热值：燃烧产物中的水分以气态形式存在。

进行煤气化的设备称为煤气发生炉或气化炉。煤气化过程发生的反应主要是气-固相反应，气相主要是空气、氧气、水蒸气（称为气化剂）和气化时形成的煤气，固相主要是燃料煤和气化后形成的固体灰渣。气-固反应器一般为圆筒形容器，容器的底部设置一块多孔分布板（类似于家用炉底部的排灰结构），固体颗粒（比如煤）堆放于多孔板上，形成一个固定层，称为床层。气固反应器的类型如图 1-1 所示。

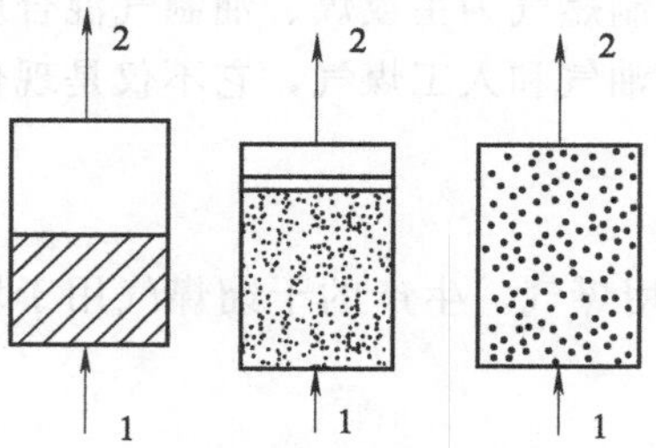

(a) 固定床　(b) 流化床　(c) 气流床

图 1-1　气固反应器的类型

1—反应物；2—产物气

目前正在应用和开发的气化炉有很多类型，这些气化炉的共同特点是都有加煤装置、炉体、除灰装置等。

煤气化生产的产品可表示为：

煤→气化→煤气→羰基合成→甲醇→二甲醚等化工产品
煤→气化→煤气→制　氢→合成氨、氢气直接液化
煤→气化→煤气→合 成 油→化工产品液体燃料

煤气化技术应用领域非常广泛，主要在以下几个方面。

（1）原料气

作为化工原料合成和燃料油合成的原料气对热值要求不高，主要对煤气中的 CO、H_2 等有效成分有要求，一般采用德士古（Texaco）气化炉、壳牌（Shell）气化炉。

（2）工业燃气

作为工业燃气的煤气，热值一般为 4620～5670kJ/m^3，一般采用常压固定床气化炉、流化床气化炉。

（3）民用煤气

民用煤气要求 H_2、CH_4及其他烃类可燃气体含量尽量高，以提高煤气的热值，其热值一般为 12600～16800kJ/m^3，而 CO 有毒，要求其含量小于 10%，一般采用鲁奇炉。

（4）联合循环发电（IGCC）的燃气

作为联合循环发电的燃气，对热值要求不高，其热值一般为 9240～10500kJ/m^3，但对煤气净化度的要求很高。与 IGCC 配套的煤的气化一般采用鲁奇炉、德士古气化炉、壳牌气化炉等。

（5）冶金还原气

在冶金工业中，利用煤气中的 CO 和 H_2 可直接将铁矿石还原成铁，作为冶金还原气的煤气，对煤气中 CO 的含量有要求。

（6）燃料电池

燃料电池是由 H_2、天然气或煤气等燃料通过电化学反应直接转化为电的化学发电技术。

$$H_2\text{、天然气或煤气}\xrightarrow[\text{化学发电}]{\text{电化学反应}}\text{电}$$

（7）煤气化制氢

煤气化制氢一般是将煤气中的CO通过变换反应转换成 H_2 和 CO_2，再将富氢气体经过低温分离或变压吸附来制得 H_2。

（8）煤液化的气源

煤直接液化和间接液化都需要煤气化所得的煤气作为气源，煤气化一般采用加压移动床气化、加压流化床气化、加压气流床气化等技术。

三、煤气化技术分类

煤气化技术已有悠久的历史，尤其自20世纪70年代石油危机出现后，世界各国广泛开展了煤气化技术的研究。目前，许多技术已经广泛应用于生产实际当中。

（一）地面气化技术

将煤从地下挖掘出来后再经过各种气化技术获得煤气的方法称地面气化。该技术生产工艺较成熟，已被世界各国广泛采用。地面气化技术的分类有多种方法，现分述如下：

1. 按气化炉型分类

以燃料在炉内的运动状况来分类，可分为以下四种类型。

（1）移动床气化炉

移动床气化炉又称为固定床气化炉。在该气化炉内，气化剂以较小的速度通过床层，与颗粒相对较大（相对于流化床和气流床而言）的煤粒逆流接触，相对于气体的上升速度而言，煤粒下降速度很慢，可视为固定不动，故该床层称为固定床。实际上煤粒在气化过程中是以很慢的速度向下移动的，确切地应称其为移动床气化。

国内普遍使用的常压移动床气化炉有3M-13型、3M-21型、W-G型、U·G·I型及两段式气化炉，常压M型炉型是国内用户使用最为广泛的气化炉之一。加压移动床气化的典型炉型是鲁奇气化炉。

（2）流化床气化炉

流化床气化炉又称为沸腾床气化炉。在该气化炉内，气化剂以较大的速度通过床层，与粒度相对较小（0～10mm）的煤粒接触，煤粒被全部托起，但仍然逗留在床层内不被气化剂带出，呈悬浮运动状态，床层的这种状态叫固体流态化，即固体颗粒具有了流体的特性，该床层一般称为流化床。此时的煤粒运动剧烈，如沸腾着的液体，故也称其为沸腾炉气化。

典型的常压流化床气化炉有常压温克勒气化炉。加压流化床气化的炉型有高温温克勒气化炉、U-GAS气化炉等。

（3）气流床气化炉

在气流床气化炉内，气化剂以更大的速度通过床层，与粒度更小（$10\mu m$ 以下）的煤粒并流气化，此时的床层不能再保持流态化，固体煤粒将被带出床层，相当于一个气流输送设备，因而称为气流床气化。

气流床气化工艺中，煤的加料有两种形式，一种是干粉煤加料，另一种是水煤浆加料。干粉煤加料的典型炉型有K-T气化炉、壳牌气化炉等。水煤浆加料的典型炉型有E-gas气化炉、德士古气化炉等。

（4）熔融床气化炉

熔融床气化炉是一种气-固-液三相反应的气化炉，气相主要是气化剂和煤气，固相主要是燃料煤和灰渣，液相主要是熔渣（铁的氧化物）、熔盐（碳酸钠等）、熔铁（铁水）等。

在煤气化过程中，相对于移动床、流化床、气流床这样的排列次序而言，气化剂的气流速度越来越大，煤的粒度越来越小。熔融床不同于移动床、流化床和气流床，对煤的粒度没有过分的限制，除了可以使用粉煤外，大部分熔融床气化炉使用磨得很粗的煤；另外，强黏结性煤、高灰煤和高硫煤均可使用。熔融床的缺点是热损失大，熔融物对环境污染严重，高温熔盐会对炉体造成严重腐蚀。

2. 按气化剂分类

(1) 由 O_2、$H_2O(g)$ 作气化剂（800～1800℃，0.1～4.0MPa）

① 空气煤气　以空气为气化剂生成的煤气，热值最低，主要作为化工原料、煤气发动机燃料等。

② 混合煤气　以空气和适量的水蒸气的混合物为气化剂所生成的煤气，在工业上一般用作燃料。

③ 水煤气　以水蒸气作为气化剂生成的煤气，用作化工原料。

④ 半水煤气　以水蒸气为主加适量的空气或富氧空气同时作为气化剂制得的煤气，较多适用于合成 NH_3 的生产，此时，H_2 与 CO 的总质量是 N_2 质量的 3 倍。

(2) 由 H_2 作气化剂（800～1000℃，1～10MPa）

由 H_2 作气化剂是煤与 H_2 生成 CH_4 的过程。煤中只有部分碳转化为 CH_4，未反应的碳可加 H_2O (g)、O_2 生成 H_2、CO、CO_2 等。

3. 按给热方式分类

煤气化过程总反应是吸热过程，需供给热量，一般需消耗气化用煤发热量的 15%～35%，逆流进料取下限，并流进料取上限。

(1) 内热式（自热式）气化

如图 1-2 所示，煤在气化过程中不需外界供热，而是利用煤与氧反应放出热量来达到反应所需温度。

(2) 外热式气化

如图 1-3 所示，外热式气化是指利用外部给气化炉提供热量的过程。

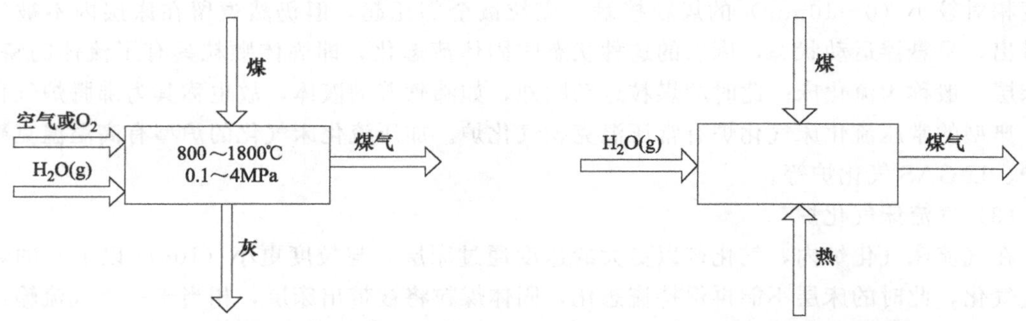

图 1-2　内热式煤水蒸气氧化原理　　图 1-3　外热式煤水蒸气气化原理

4. 按制取煤气在标准状态下的热值分类

① 煤气热值低于 8347kJ/m^3，属于制取低热值煤气方法；

② 煤气热值在 16747～33494kJ/m^3 之间，属于制取中热值煤气方法；

③ 煤气热值高于 33494kJ/m^3，属于制取高热值煤气方法。

（二）地下气化技术

煤气化是煤转化的重要形式之一，它在各类生产过程中起着承前启后的作用。煤制化工合成原料气在煤化工中有着重要的地位。国内外正在把煤化工发展成为以煤气化为基础的C_1化学工业（一碳化学：化学反应过程中反应物只含一个碳原子的反应），使煤化工由能源型转向化工型。煤气化制得的合成气（$CO+H_2$）作为化学工业的基本原料，在与石油化工的竞争中不断发展和提高。但煤化工要与石油化工和以天然气为原料的化工合成相竞争，必须有能耗低、投资小的气化技术为基础，而煤地下气化技术具有这样的特点。通过煤地下气化生产合成气，可以充分发挥煤地下气化的技术优势，为煤化工的发展提供新的扩展空间。

煤地下气化是将未开采的煤炭有控制地燃烧，通过对煤的热化学作用生产煤气的气化方法。煤地下气化是集建井、采煤、气化工艺为一体的多学科开发洁净能源与化工原料的新技术，其实质是只提取煤中含能组分，变物理采煤为化学采煤，因而具有安全性好、投资少、效率高、污染少等优点。

如图 1-4 所示，煤地下气化的基本过程是沿煤层从地表开掘钻孔 1 和钻孔 2，水平通道 3 连接两钻孔底部，区域 4 为气化盘区，被图中 1、2、3 区域所包围。气化时，在钻孔 1 处点火并鼓入空气，就会在通道 3 的左端形成一燃烧区，即图中的火焰工作面 5，生成的高温气体沿通道 3 向右渗透，同时传递热量给相近的煤层，随着煤层的燃烧，火焰工作面不断地向右向上推进，气化区逐渐扩展到整个气化盘区 4，并以很宽的气化前沿向出口推进，高温气体流向钻孔 2，从钻孔 2 可以获得焦油和煤气。在煤层燃烧过程中，火焰工作面下方的折空区不断被燃烧产生的灰渣和顶板垮落的岩石所充填，同时煤块也可下落到折空区，形成一反应性很高的块煤区。在气化过程中，通道 3 由Ⅰ燃烧区、Ⅱ还原区、Ⅲ干馏区、Ⅳ干燥区四个区来共同完成整个气化过程。地下气化技术可节省开采投资 78%，节约成本 62%，工效提高 3 倍以上，每吨煤价值提高 10 倍以上。

煤地下气化技术不仅可以回收矿井遗弃的煤炭资源，而且还可以用于开采井工难以开采或开采经济性、安全性较差的薄煤层、深部煤层、“三下”压煤（是建筑物下、铁路下、水体下三种采煤方法的统称）和高硫煤层、高灰煤层、高瓦斯煤层。地下气化煤气不仅可作为燃气直接民用和发电，而且还可以用于提取纯氢或作为合成油、二甲醚、氨、甲醇的原料气。因此，煤地下气化技术具有较好的经济效益和环境效益，大大提高了煤炭资源的利用率和利用水平，是我国洁净煤技术的重要研究和发展方向。

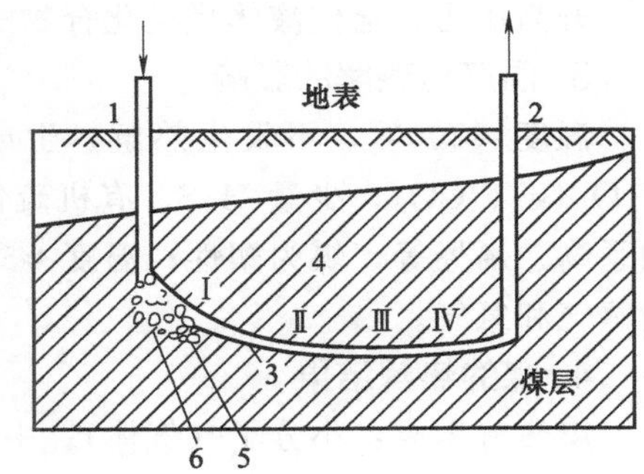

图 1-4 地下气化示意图

1,2—钻孔；3—水平通道；4—气化盘区；5—火焰工作面；6—崩落的岩石；Ⅰ—燃烧区；Ⅱ—还原区；Ⅲ—干馏区；Ⅳ—干燥区

四、煤气化的几个过程

煤气化是一个热化学过程，原料煤在气化过程中，除了物理性质发生改变以外，更主要的是发生了热解和化学反应。具体的气化过程，会根据气化炉型、操作条件、气化剂的种类、燃料组成的不同而不同。

（一）煤的干燥

煤的干燥过程实质上是水分从微孔中蒸发的过程，水分全部蒸发的温度稍大于 100℃。一般来说，煤中水分含量低、干燥温度高、气流速度大，则煤的干燥时间短；反之，煤的干燥时间则长。

煤干燥的主要产物：水蒸气、被煤吸附的少量 CO 和 CO_2等。

（二）煤的干馏

干馏：煤隔绝空气加热。

当加热时，分子键的重排将使煤分解为挥发性的有机物和固定碳。

挥发分 $\begin{cases}\text{低分子量：} H_2\text{、}CH_4\text{、}CO \text{ 等化合物} \\ \text{高分子量：焦油和沥青的混合物}\end{cases}$

（三）煤的热解

煤是复杂的有机物质，从煤的成因知道，煤是由高等植物（或低等植物）在一定的条件下，经过相当长的物理、化学、物理化学、生物及地质作用而形成的，其主体是含碳、氢、氧和硫等元素的极其复杂的化合物，并夹杂一部分无机化合物。当加热时，分子键的重排将使煤分解为挥发性的有机物和固定碳。挥发分实质上是由低分子量的氢气（H_2）、甲烷（CH_4）和一氧化碳（CO）等化合物至高分子量的焦油和沥青的混合物构成。

一般来讲，煤的热解反应的宏观形式为：

$$\text{煤} \xrightarrow{\text{加热}} \text{煤气}(CO_2\text{、}CO\text{、}CH_4\text{、}H_2O\text{、}H_2\text{、}NH_3\text{、}H_2S) + \text{焦油(液体)} + \text{焦炭}$$

煤的加热分解除了和煤的品位有关系外，还与煤的颗粒粒径、加热速度、分解温度、压力和周围气体介质有关系。

1. 煤的颗粒粒径对热解的影响

煤的颗粒粒径$<50\mu m$时，热解与颗粒大小基本没有关系；煤的颗粒粒径$>100\mu m$时，热解与颗粒大小有关（其速率取决于挥发分从固定碳中的扩散逸出速率）。

2. 压力对热解的影响

升高压力，会使液体烃类化合物的含量下降，气体烃类化合物的含量增加。

3. 温度对热解的影响

温度<200℃，不发生热解，生成 H_2O（g）；温度>200℃，煤开始热解，生成大量 H_2O（g）、CO_2，少量 H_2S、有机硫化物；温度≈ 400℃，煤剧烈热解，生成大量 CH_4 及其同系物、烯烃等，煤为塑性；温度≈ 500℃，煤的塑性状态因分解作用而变硬，生成大量焦油蒸气和氢气。

4. 煤的热解结果

煤热解生成：小分子（气体）；中等分子（焦油）；大分子（半焦）。

煤气化过程中煤的热解与炼焦、煤液化过程中煤的热解行为在以下几方面有所区别：

① 在块状或大颗粒状煤存在的固定床气化过程中，热解温度较低，通常在 600℃以下，属于低温干馏（低温热解）；

② 热解过程中，床层中煤粒间有较强烈的气流流动，不同于炼焦炉中自身生成物的缓慢流动，气流流动对煤的升温速度及热解产物的二次热解反应影响较大；

③ 在粉煤气化（流化床和气流床）工艺中，煤炭中水分的蒸发、煤热解、煤粒与气化剂之间的化学反应几乎是同时并存，且在瞬间完成。

（四）煤气化过程的两个基本反应

1. 氧化反应（燃烧反应）

$2C + O_2 = 2CO$（不完全燃烧）

$C + O_2 = CO_2$（完全燃烧）

2. 还原反应

$C + CO_2 = 2CO$

$$C+H_2O \xlongequal{} CO+H_2$$

五、煤气化过程的主要评价指标

1. 煤气质量

煤气质量包含煤气热值和煤气组成。

2. 气化强度

气化强度即单位时间内、单位气化炉截面积上处理的原料煤质量或产生的煤气量。

气化强度越大，炉子的生产能力越大。

$$q_1=\frac{\text{消耗原料量}}{\text{单位时间}\times\text{单位炉截面积}}$$

$$q_2=\frac{\text{产生煤气量}}{\text{单位时间}\times\text{单位炉截面积}}$$

3. 煤气产率（m^3/kg）

煤气产率是指气化单位质量原料煤所得到煤气的体积（标况）。

煤中挥发分含量越高，煤气产量越低；而原料煤固定碳含量越高，则煤气产率越高。

同一类型的原料煤，原料中的惰性物（水分和灰分）含量越低，煤气产率则越高。

温馨提示： 煤气单耗（kg/m^3）是每生产单位体积的煤气需要消耗的燃料质量。

4. 灰渣含碳量（原料损失）

(1) 飞灰含碳量

气化过程中，由于气流在料层和气化炉上部空间流动，煤气夹带着未反应炭粒出炉，使原煤能量转化造成损失。

(2) 灰渣含碳量

灰渣含碳量是指由于未反应的原料被熔融的灰分包裹而不能与气化剂接触成为炭核，就随灰渣一起排出炉外损失的碳。

5. 碳转化率

碳转化率是指在气化过程中消耗的（参与反应的）碳量占加入炉内原料煤中总碳量的百分数。不同气化炉的碳转化率一般为90%～99%。

6. 气化效率与气化热效率

(1) 气化效率（冷煤气效率）

气化效率是指所制得的煤气热值和所使用的燃料热值之比。

$$\eta_{\text{气}}=\frac{Q_gV}{Q_{\text{煤}}}\times 100\%$$

气化效率侧重于评价能量的转移程度，即煤中的能量有多少转移到煤气中。

(2) 气化热效率（热煤气效率）

气化热效率侧重于反映能量的利用程度。热煤气显热利用得越充分，热煤气效率也越高。不含焦油：

$$\eta_{\text{热}}=\frac{Q_g+KQ_R}{Q_{\text{煤}}+Q_{\text{空气}}+Q_{\text{水蒸气}}}\times 100\%$$

7. 单炉生产能力

单炉生产能力是指单位时间一台气化炉能生产的煤气量。它是企业综合经济效益中的一项重要考核指标。

8. 消耗指标

（1）水蒸气消耗量和水蒸气分解率

水蒸气消耗量是指气化 1kg 煤所消耗水蒸气的量；水蒸气分解率是指被分解掉（参加反应）的蒸气与加入炉内水蒸气总量之比。

（2）汽氧比（kg/mol 或 kg/kg）

汽氧比是指气化时加入气化剂中水蒸气与氧气之比。

（3）氧煤比（氧碳比）（kg/kg）

氧煤比是指气化单位干燥无灰基煤所消耗的氧气量。

六、煤气化应用展望

近年来，随着国民经济平稳较快发展，中国能源消费保持较快增长趋势，特别是交通运输燃料快速增长和石化产品需求的大幅增长，使得油气资源紧缺的矛盾更加突出。发展替代资源，减少对石油资源的依赖，客观上为中国煤化工产业的发展创造了机遇。以煤炭为原料，经气化生产下游产品并获得利润，成为企业产业链发展的总趋势。

据有关专家测算，当石油价格高于 40 美元/桶时，在缺油、少气、富煤的地区，使用煤化工路线生产甲醇、合成氨、烯烃、二甲醚、甲醛、尿素等化工产品，生产成本比石化路线低 5%～10%。

煤化工主要是指以煤为原料经过化学加工，使煤转化为气体、液体和固体燃料及化学品的过程。煤化工包括煤的高温干馏、煤的低温干馏、煤的气化、煤的液化、煤制化学品及其他煤加工制品。

众所周知，相对于石油、天然气资源，世界煤炭资源较为丰富。据 2018 版《BP 世界能源统计年鉴》统计，截至 2017 年底，全球石油探明储量为 1.6966×10^4 亿桶，储产比为 50.2 年；全球天然气探明储量为 193.5×10^4 亿立方米，储产比为 52.6 年；全球煤炭全部探明储量为 1035012×10^2 万吨，储产比为 134 年。世界煤炭探明储量目前足够满足 134 年的全球产量，远高于石油和天然气的储产比。就中国而言，截至 2017 年年底，中国石油探明储量为 257 亿桶，储产比为 18.3 年；中国天然气探明储量为 $5.5\times10^4 m^3$，储产比为 36.7 年；中国煤炭全部探明储量为 138819×10^2 万吨，储产比为 39 年。2017 年世界煤炭产量总计 3768.6×10^2 万吨油当量，中国煤炭产量 1747.2×10^2 万吨油当量。由此可见，相对丰富的煤炭资源为煤化工的发展提供了资源条件。

温馨提示：

石油的探明储量通常是指通过地质与工程信息以合理的确定性表明，在现有的经济与作业条件下，将来可从已知储层采出的石油储量。

天然气的探明储量通常是指通过地质与工程信息以合理的确定性表明，在现有的经济与作业条件下，将来可从已知储层采出的天然气储量。

煤炭全部探明储量通常是指通过地质与工程信息以合理的确定性表明，在现有的经济与作业条件下，将来可从已知储层采出的煤炭储量。

储产比，即储量/产量（R/P）比率，是用任何一年年底所剩余的储量除以该年度的产量，所得出的计算结果，表明如果产量继续保持在该年度的水平，这些剩余储量可供开采的年限。

煤的气化在煤化工中占有重要地位，气化生产的各种燃料气，是洁净的能源，有利于环境保护，生产的合成气是合成液体燃料、甲醇、乙酸酐等多种产品的原料。

近年来，煤气化新技术、新工艺、新设备的开发和应用，使煤气化工艺得到迅速发展，成为新型煤化工的一个重要组成部分，煤气化是发展新型煤化工的重要单元技术。2006～2020年，我国计划在全国打造七大煤化工产业区，斥巨资修建四大管线。

任务二　煤气化原理

一、煤气化原理简述

（一）煤气化的基本条件

1. 煤气化原料

煤气化所用的原料主要有两种类型：固体原料和气体原料。固体原料一般为煤、焦炭；气体原料即气化剂，一般为空气、空气-水蒸气、富氧空气-水蒸气、氧气-水蒸气、水蒸气等。

2. 煤气化发生炉

煤气化发生炉简称气化炉，其外壳材质一般为钢板，内衬耐火层。炉体上装有加煤装置、排灰装置、气化剂用量调节装置、鼓风管道、煤气导出管等。

3. 保持一定的炉温

根据气化工艺的不同，气化炉内的操作温度可分别在高温区（1100～2000℃）、中温区（950～1100℃）、低温区（900℃左右）运行。

4. 维持一定的炉压

较高的运行压力有利于气化反应的进行，同时可以提高煤气质量。煤气化工艺不同，所要求的气化炉内的压力也会有所不同，一般分为常压气化和加压气化两种类型。

（二）煤气化过程的主要化学反应

煤的反应性是指煤的化学活性，是煤与气化剂中的氧、水蒸气、二氧化碳等的反应能力。

煤的反应性是决定气化方法的一个重要因素，影响反应性的因素很多，如煤化度、煤的岩相组成、煤的热解、预处理条件、内表面积及煤中矿物质种类与含量等。

因为煤的分子结构非常复杂，所以原料煤在气化过程中的化学反应也是十分复杂的。煤气化过程的化学反应按反应物相态的不同可分为均相反应（气-气相反应）和非均相反应（气-固相反应）两种类型，主要反应如下：

（1）燃烧反应

燃烧反应即煤中的部分碳（C）和气化剂中的氧气（O_2）发生氧化反应，完全燃烧时生成二氧化碳（CO_2），不完全燃烧时生成一氧化碳（CO），均属于放热反应，该反应为气化反应提供所必需的热量，为蓄热反应。

$$C+O_2 = CO_2 \qquad \Delta H=-394.1\text{kJ/mol}$$

$$C+1/2O_2 = CO \qquad \Delta H=-110.4\text{kJ/mol}$$

（2）气化反应

气化反应是气化炉中最重要的还原反应，均属于吸热反应，其热量来源于燃烧反应所放出的热，主要有以下几个反应：

$$C+CO_2 \rightleftharpoons 2CO \qquad \Delta H=173.3\text{kJ/mol}$$

该反应常称为二氧化碳还原反应，是一较强的吸热反应，需在高温条件下才能进行。

$$C+H_2O \rightleftharpoons CO+H_2 \qquad \Delta H=135.0kJ/mol$$

该反应常称为水蒸气分解反应，为吸热反应，是制造水煤气的主要反应。反应生成的一氧化碳可进一步和生成的水蒸气发生如下反应：

$$CO+H_2O \rightleftharpoons H_2+CO_2 \qquad \Delta H=-38.4kJ/mol$$

该反应常称为一氧化碳变换反应，为放热反应，需在催化剂存在的条件下进行。在合成氨工艺中，往往需要将煤气中的CO去除，在甲醇或其他有机合成工艺中，需要将煤气中的CO部分去除，为了把CO转变为H_2，往往在气化炉外利用这个反应。

（3）甲烷生成反应

煤气中的甲烷，一部分来自煤中挥发物的热分解，另一部分则是气化炉内的碳与煤气中的氢气及气体产物之间反应的结果。其反应式如下：

$$C+2H_2 \rightleftharpoons CH_4 \qquad \Delta H=-84.3kJ/mol$$

$$CO+3H_2 \rightleftharpoons CH_4+H_2O \qquad \Delta H=-219.3kJ/mol$$

$$CO_2+4H_2 \rightleftharpoons CH_4+2H_2O \qquad \Delta H=-162.8kJ/mol$$

$$2CO+2H_2 \rightleftharpoons CH_4+CO_2 \qquad \Delta H=-247.3kJ/mol$$

（4）其他反应

因为煤炭中含有少量元素S和N，所以在气化过程中还可能同时发生以下反应，使煤气中产生含硫和含氮化合物，它们的存在可能造成对设备的腐蚀和对环境的污染，因此在煤气净化时必须除去。

$$S+O_2 \rightleftharpoons SO_2$$

$$SO_2+3H_2 \rightleftharpoons H_2S+2H_2O$$

$$SO_2+2CO \rightleftharpoons S+2CO_2$$

$$SO_2+2H_2S \rightleftharpoons 3S+2H_2O$$

$$C+2S \rightleftharpoons CS_2$$

$$CO+S \rightleftharpoons COS$$

$$N_2+3H_2 \rightleftharpoons 2NH_3$$

$$N_2+H_2O+2CO \rightleftharpoons 2HCN+3/2O_2$$

$$N_2+xO_2 \rightleftharpoons 2NO_x$$

二、煤气化的影响因素

（一）煤种对气化的影响

1. 成煤过程

煤是由植物残骸经过复杂的生物化学作用和物理化学作用转变而成的，这个转变过程叫作植物的成煤过程，如图1-5所示。

成煤过程：
- 泥炭化阶段
- 煤化阶段
  - 成岩→褐煤
  - 变质→烟煤、无烟煤

（1）泥炭化阶段

植物残骸既分解又化合，最后形成泥炭或腐泥，其中都含有大量的腐殖酸。

（2）煤化阶段

① 第一个过程（成岩作用） 在地热和压力的作用下，泥炭层发生压实、失水、肢体老化、硬结等各种变化而成为褐煤。因为煤是一种有机岩，所以该过程又叫作成岩作用。

图 1-5　植物的成煤过程

② 第二个过程（变质作用）　是褐煤转变为烟煤和无烟煤的过程。因该过程中煤的性质发生变化，所以这个过程又叫作变质作用。

2. 气化用煤的分类

(1) 气化时不黏结也不产生焦油

代表性原料：无烟煤、焦炭、半焦、贫煤。

(2) 气化时黏结并产生焦油

代表性原料：弱黏结和不黏结的烟煤。

(3) 气化时不黏结但产生焦油

代表性原料：褐煤。

(4) 气化时不黏结但产生大量的甲烷

代表性原料：泥炭煤。

3. 不同煤种对气化的影响

(1) 对煤气的组分和产率的影响

① 对发热值与组分的影响　增大压力，同一煤种制取的净煤气的热值提高；同一操作压力下，净煤气热值由高到低的顺序依次是褐煤、气煤、无烟煤。这是由于随着变质程度的提高，煤的挥发分含量逐渐降低。

随着煤中挥发分（Vdaf）含量的提高，制得的煤气中甲烷和二氧化碳的含量上升，在脱除二氧化碳后的净煤气中的甲烷含量更高，相应使煤气的发热值提高。

② 对产率的影响　煤中挥发分含量越高，转变为焦油的有机物就越多，煤气的产率越低。随着煤中挥发分的增加，粗煤气中的二氧化碳是增加的，这样脱除二氧化碳后的净煤气产率下降得更快。

(2) 对消耗指标的影响

在不同煤种之间，表示氧气和水蒸气的消耗指标时，选用不同的基准：

① 煤的收到基（ar）　消耗指标相差极大。

② 煤的干燥无灰基（daf）　消耗指标相差较小。

各种煤的消耗指标在用同一干燥无灰基表示时，产生差别的原因为：

① 固定碳含量高、挥发分含量低的煤种，气化时进入气化段的碳量多，则氧气和水蒸气消耗多；

② 高活性的煤有利于甲烷的生成，相应消耗的氧气少一些；

③ 煤中水分、灰分含量越高，气化时消耗的热量越多，则氧气消耗量也高。

（3）对焦油组成和产率的影响

变质程度较深的气煤和长焰煤比变质程度浅的褐煤焦油产率大，而变质程度更深的烟煤和无烟煤，其焦油产率却更低。

（二）煤炭性质对气化的影响

1. 水分含量对气化的影响

煤中的水分以下列三种形式存在。

（1）外在水分

外在水分是在煤的开采、运输、储存和洗选过程中润湿在煤的外表面以及大毛细孔而形成的。含有外在水分的煤为应用煤，失去外在水分的煤为风干煤。

（2）内在水分

内在水分是吸附或凝聚在煤内部较小的毛细孔中的水分。失去内在水分的煤为绝对干燥煤。

（3）结晶水

结晶水在煤中是以硫酸钙（$CaSO_4 \cdot 2H_2O$）、高岭土（$Al_2O_3 \cdot 2SiO_2 \cdot 2H_2O$）等形式存在的，通常温度高于200℃以上才能析出。

常压气化时，若气化用煤中水分含量过高，煤料未经充分干燥就进入干馏层，会影响干馏的正常进行，没有彻底干馏的煤进入气化段后，又会降低气化段的温度，使得甲烷的生成反应和二氧化碳、水蒸气的还原反应速率显著减小，降低了煤气的产率和气化效率。

加压气化时，因炉身一般比常压气化炉高，能提供较高的干燥层，允许进炉煤的水分含量高。水分含量高的煤，挥发分含量往往较高。在干馏阶段，煤半焦形成时的气孔率大，当其进入气化层时，反应气体通过内扩散进入固体内部使气化容易进行。因而，气化速率加快，生成的煤气质量也好。

炉型不同，对气化用煤的水分含量要求也不同。

2. 灰分含量对气化的影响

将一定量的煤样在800℃完全燃烧，残余物即为灰分。灰分含量反映了煤中矿物含量的大小。

煤中灰分含量高，不仅增加了运输的费用，而且对气化过程有许多不利的影响。对于加压气化，用灰分含量高达55%左右的煤而不至于影响生产的正常进行。低灰煤种有利于气化生产，但低灰煤价格高，使煤气的综合成本上升，因此要结合具体情况综合考虑。

3. 挥发分对气化的影响

挥发分是指煤在加热时，有机质部分裂解、聚合、缩聚，低分子量部分呈气态逸出，水分蒸发，矿物质中的碳酸盐分解逸出CO_2等。

选用挥发分含量较高的煤作原料，气化产生的煤气中甲烷含量较高，适合用作燃料；选用低挥发分、低硫的无烟煤、半焦或焦炭作原料，气化产生的煤气可用作工业生产的合成气。

4. 硫分对气化的影响

我国各地煤田的煤中硫含量都比较低，大多在1%以下，山西烟煤中硫含量较高，在1.39%左右。

煤在气化时，其中80%～85%的硫以H_2S和CS_2的形式进入煤气中，煤气燃烧后会产生SO_2，这些硫化物的存在会造成以下不良影响：

① 污染环境；

② 使合成催化剂中毒；

③ 增加后序工段脱硫负担。

所以，煤中硫含量越低越好。

5. 煤的灰熔点对气化的影响

灰熔点即灰分熔融时的温度。

灰分受热时一般经过三个过程：

① 开始变形（T_1）；

② 灰软化（T_2）；

③ 灰分开始流动（T_3）。

煤气化时一般用软化温度（T_2）作为灰熔融性的主要指标。

煤气化时的灰熔点有两方面的含义：

① 气化炉正常操作时不至于使灰熔融而影响正常生产的最高温度；

② 采用液态排渣的气化炉所必须超过的最低温度。

6. 煤的结渣性对气化的影响

在气化炉的氧化层，由于温度较高，灰分可能熔融成黏稠性物质并结成大块，即结渣性。结渣的危害：

① 影响气化剂的均匀分布，增加排灰困难；

② 为防止结渣采用较低的操作温度而影响了煤气的质量和产量；

③ 气化炉的内壁由于结渣而缩短了寿命。

一般用于固态排渣气化炉的煤，其灰熔点应大于1250℃；用于液态排渣气化炉的煤，灰熔点越低越好。

7. 煤的黏结性对气化的影响

黏结性煤在气化时，干馏层能形成一种黏性胶状流动物质，称胶质体。这种物质有黏结煤粒的能力，使料层的透气性变差。

褐煤是加压气化生产煤气的优质原料，一是因为其挥发分含量高，二是因为它的黏结性很小。

对于黏结性煤的气化，为破坏煤的黏结性，一般在煤气发生炉上部设置机械搅拌装置，并在搅拌器的上面安装一个旋转的布煤器；还可以对原料进行瘦化处理，气化一些黏结性较大的煤时，在入炉煤内混配一些无黏结性的煤或灰渣，以降低煤料的黏结性。

8. 煤的反应性对气化的影响

变质程度浅的煤，其反应性高；随着煤的变质程度的加深，煤的化学反应活性降低。

煤中的碱金属、碱土金属和过渡金属对煤气化过程都有一定的催化作用，钾的催化效果最好，其次是钠，这一催化作用可以不同程度地提高煤的反应性。

反应性主要影响气化过程的起始反应温度，反应性越高，则发生反应的起始温度越低。

煤的起始反应温度低，气化温度就低，这有利于甲烷的生成，从而降低了氧气的消耗量。

9. 煤的机械强度和热稳定性对气化的影响

（1）煤的机械强度

煤的机械强度是指抗碎、抗磨和抗压等性能的综合体现。

机械强度差的煤，在运输过程中会产生许多粉状颗粒，造成煤的损失；在进入气化炉后，粉状煤的颗粒易堵塞气道，造成炉内气流分布不均，严重影响气化效率。

（2）煤的热稳定性

煤的热稳定性是指煤在加热时是否容易碎裂的性质。

热稳定性差的煤在气化时，伴随气化温度的升高，煤易碎裂成粉末和颗粒，对移动床内的气流均匀分布和正常流动造成严重影响。

无烟煤的机械强度较大，但热稳定性较差。

（三）操作条件对气化的影响

气化过程包括加料、反应和排渣三个工序，主要控制反应温度、反应压力、进料状态、加料粒度、排渣温度等操作条件。下面主要讨论反应温度、反应压力、加料粒度等操作条件对气化的影响。

在煤气化过程中，有相当多的反应是可逆过程，特别是在煤的二次气化反应中，几乎均为可逆反应。在一定条件下，当正反应速率与逆反应速率相等时，化学反应达到化学平衡。

$$m\mathrm{A}+n\mathrm{B}\rightleftharpoons p\mathrm{C}+q\mathrm{D}$$

$$K_p=\frac{K_{正}}{K_{逆}}$$

式中　K_p——用压力表示的化学平衡常数；

$K_{正}$——正反应速率常数；

$K_{逆}$——逆反应速率常数。

化学平衡只有在一定的条件下才能保持，当条件改变时，平衡就破坏了，直到与新条件相适应才能达到新的平衡，因平衡破坏而引起含量（摩尔分数）变化的过程，称为平衡移动。平衡移动的根本原因是外界条件的改变，这种改变对正、逆反应率度发生了不同的影响。

吕·查德理（Le Chatelier）原理：处于平衡状态的体系，当外界条件（温度、压力、摩尔分数等）发生变化时，则平衡发生移动，其移动方向总是向着削弱或者抗拒外界条件改变的方向移动。

1. 反应温度的影响

温度是影响气化反应过程中煤气产率和化学组成的决定性因素。温度对化学平衡的影响如下：

$$\lg K_p=\frac{-\Delta H}{2.303RT}+C$$

式中　R——气体常数，$R=8.314\mathrm{kJ/(kmol\cdot K)}$；

T——热力学温度，K；

ΔH——反应热效应，放热为负，吸热为正；

C——常数。

若 $\Delta H<0$，为放热反应，温度 T 升高，则平衡常数 K_p 减小，说明降低温度有利于放热反应的进行。

若 $\Delta H>0$，为吸热反应，温度 T 升高，则平衡常数 K_p 增大，说明升高温度有利于吸热反应的进行。

例如，下列反应为吸热反应：

$$C+CO_2 \rightleftharpoons 2CO \qquad \Delta H=173.3kJ/mol$$

反应在不同温度下 CO_2 与 CO 的平衡组成如表 1-1 所示。碳与二氧化碳反应生成一氧化碳为吸热反应，从表中可以看到，随着温度升高，其还原产物 CO 的组成增加，当温度升高到 1000℃时，CO 的平衡组成为 99.1%，说明升高温度有利于吸热反应的进行。

表 1-1　反应在不同温度下 CO_2 与 CO 的平衡组成

温度/℃	450	650	700	750	800	850	900	950	1000
$\phi(CO_2)$/%	97.8	60.2	41.3	24.1	12.4	5.9	2.9	1.2	0.9
$\phi(CO)$/%	2.2	39.8	58.7	75.9	87.6	94.1	97.1	98.8	99.1

例如，下列反应为放热反应：

$$CO+3H_2 \rightleftharpoons CH_4+H_2O \qquad \Delta H=173.3kJ/mol$$

在该反应中，如果有 1% 的 CO 转化为 CH_4，则气体就会有 60～70℃的绝热温升。在合成气中 CO 的组成为 30% 左右，如果要全部转化为 CH_4，则气体将会有 1000℃左右的绝热温升。因此，反应过程中必须将反应热及时移走，使得反应在一定的温度范围内进行，以确保不发生由于温度过高而引起催化剂烧结的现象。

随着温度的升高，煤的干燥和气化产物的释放进程大致如下：

① 100～200℃　放出水分及吸附的 CO_2。

② 200～300℃　放出 CO_2、CO 和热分解水。

③ 300～400℃　放出焦油蒸气、CO 和气态烃类化合物。

④ 400～500℃　产生的焦油蒸气达到最多，逸出的 CO 减少直至终止。

⑤ 500～600℃　放出 H_2、CH_4 和烃类化合物。

⑥ 600℃以上　烃类化合物分解为 CH_4 和 H_2。

2. 反应压力的影响

压力对于液相反应的平衡影响不大，而对于气相或气液相反应的影响是比较显著的。根据化学平衡原理，升高压力，平衡向气体体积减小的方向进行；反之，降低压力，平衡向气体体积增加的方向进行。

压力对煤气中各气体组成的影响不同，随着压力的增加，粗煤气中甲烷和二氧化碳含量增加，而氢气和一氧化碳含量则减少。在煤的气化中，可根据产品要求确定气化压力。当气化炉煤气主要用作化工原料时，氢气和一氧化碳含量需要增加，可在低压下进行；当气化煤气需要较高热值时，甲烷含量需要增加，可采用加压气化。

3. 加料粒度的影响

(1) 粒度与比表面间的关系

煤的粒径越小，其比表面积越大。

温馨提示： 比表面积是指多孔固体物质单位质量所具有的表面积，常用单位为 m^2/g。由于固体物质外表面积相对内表面积而言很小，基本可以忽略不计，因此比表面积通常指内表面积。

不同固体物质比表面积差别很大，通常用作吸附剂、脱水剂和催化剂的固体物质比表面积较大。比如氧化铝比表面积通常在 100～400m^2/g，分子筛比表面积在 300～2000m^2/g，活性炭比表面积在可达 1000m^2/g 以上。

（2）粒度与传热的关系

粒度越大，传热越慢，煤粒内外温差越大，粒内焦油蒸气的扩散和停留时间越长，焦油的热分解越剧烈。

（3）粒度与生产能力的关系

生产能力（q_V）：湿煤气的体积流量。

气化炉内某一粒径的颗粒被带出气化炉的条件：气化炉内上部空间气体的实际气流速度（U）大于颗粒的沉降速度（U_t）。当 $U>U_t$ 时，粒径为 d_p 的煤颗粒会被带出炉外。为了控制煤的带出量，气化炉的实际生产能力有一个上限；对加压气化而言，粉煤带出量不应超过入炉煤总量的 1%；为限制粒径为 2mm 的煤粒不被带出，炉内上部空间煤气的实际速度最大为 0.90～0.95m/s。

$$U=\frac{q_V}{3600A}\times\frac{1.013\times10^5}{p}\times\frac{T}{273.15}$$

$$U_t=\frac{4gd_p(\rho_s-\rho_g)}{3\rho_g C_D}$$

分析：若生产能力（q_V）下降，压力（p）升高，则实际气流速度（U）减小；若颗粒的沉降速度（U_t）减小，则粒径 d_p 减小。

当 $U>U_t$ 时，粒径为 d_p 的煤粒被带出炉外，若 $U\downarrow$，则被带出气化炉的颗粒粒度小，颗粒总带出量减小。

（4）粒度的大小对各项气化指标的影响

煤的粒度减小，相应的氧气和水蒸气消耗量增大。

在入炉煤中，小于 2mm 的粉煤的量控制在 1.5%以下，小于 6mm 的细粒煤的量应控制在 5%以下。

任务三　空气深冷液化分离

空气深冷液化分离装置（简称空分装置或制氧机）是利用深度冷冻原理先将空气液化，然后根据空气中各组分沸点的不同，在精馏塔内进行精馏，获得氧、氮和一种或几种稀有气体（氩、氖、氦、氪、氙）的装置。

一、空气的组成及物理化学性质

（一）空气的组成

空气主要由氧和氮组成，占 99%以上，属气体状态，它们均匀地混合在一起。空气中还含有氩、氖、氦、氪、氙、氡等气体，这些气体化学性质稳定，在空气中含量甚少，在自然界不易得到，所以称为稀有气体。同时空气中还含有少量的机械杂质、水蒸气、二氧化碳、烃类（C_mH_n）和氮氧化物（NO_x）等。

干空气中含有的主要成分及各组分的沸点如表 1-2 所示。

表 1-2　空气中的主要成分及沸点

组分	分子式	含量/%	沸点/℃	组分	分子式	含量/%	沸点/℃
氧	O_2	20.94	−182.97	氪	Kr	1.08×10^{-4}	−153.4
氮	N_2	78.08	−195.79	氙	Xe	8.0×10^{-6}	−108.11
氩	Ar	0.93	−185.86	氢	H_2	5.0×10^{-5}	−252.76
氖	Ne	$(1.5\sim1.8)\times10^{-3}$	−246.08	臭氧	O_3	$(1\sim2)\times10^{-6}$	−111.90
氦	He	$(4.6\sim5.3)\times10^{-4}$	−268.94	二氧化碳	CO_2	0.036	−78.44

（二）空气的物理化学性质

可近似地将空气当作氧和氮的二元混合物，即认为空气中的氧含量为 20.9%，氮含量为 79.1%。

1. 气-液平衡、 饱和压力和温度

在同一温度下，饱和蒸气压大的物质容易由液体变为蒸气，饱和蒸气压小的物质容易由蒸气变为液体。

2. 氧-氮二元系的气-液平衡

氧-氮组成的二元溶液在达到气-液平衡状态时，它的饱和温度不但与压力有关，还与氧、氮的浓度有关。

二、深冷分离工艺技术

（一）概述

空气分离（简称空分）的方法有液化精馏及分子筛吸附两种类型。

由于分子筛吸附能耗较高，仅适用于小气量的独立用户；而大型化工生产所需 O_2、N_2 量较大，并且纯度较高，多用液化精馏方法分离空气。

液化精馏法可分为空气的净化、空气的液化和空气的分离三个工序。

（二）空气分离的工艺流程

1. 空气的净化

空气净化的目的是脱除空气中所含的机械杂质、水分、二氧化碳、烃类化合物（主要为乙炔）等杂质，以保证空分装置顺利进行和长期安全运转。

这些杂质在空气中的一般含量如表 1-3 所示。

表 1-3　空气中主要杂质的含量

机械杂质/(g/m³)	水蒸气/%	二氧化碳/%	乙炔/(mg/m³)
0.005～0.01	2～3	0.03	0.001～1

（1）机械杂质的脱除

灰尘等机械杂质会磨损空气压缩机，严重时被迫停车。因此，压缩机进气前灰尘必须进行清除。机械杂质一般用设置在空气压缩机入口管道上的空气过滤器脱除。将清除了灰尘和其他机械杂质的原料空气，在空气压缩机中压缩到工艺流程所需的压力，其中一小部分空气在纯化后，再经与膨胀机同轴异端的匹配增压到更高压力。空气由于压缩而产生的热量由空气冷却器中的冷却水带走。

常用的空气过滤器分湿式和干式两类。湿式包括拉西环式和油浸式；干式包括袋式、干带式和自洁式等。空气中的灰尘处理大多以过滤为主，并辅之以惯性或离心式来处理，大中型空分装置均使用无油干式除尘器。

① 拉西环式过滤器　如图 1-6 所示，拉西环式过滤器由钢制外壳和装有拉西环的插入盒构成，拉西环上涂有低凝点的过滤油。

空气通过时，灰尘等机械杂质便附着在拉西环的过滤油上，从而达到了净化的目的，拉西环过滤器通常适用于小型空分装置。

② 油浸式过滤器　如图 1-7 所示，油浸式过滤器由许多片状链组成，链借链轮的作用以 2mm/min 的速度移动或间歇移动。片状链上有钢架，钢架悬挂在链的活动接头上，架上铺有孔为 1mm^{2}的细网。空气通过网架时，将所含灰尘留在网上的油膜中。随着链的回转，附着的灰尘通过油槽时被洗掉，并重被覆盖一层新的油膜。

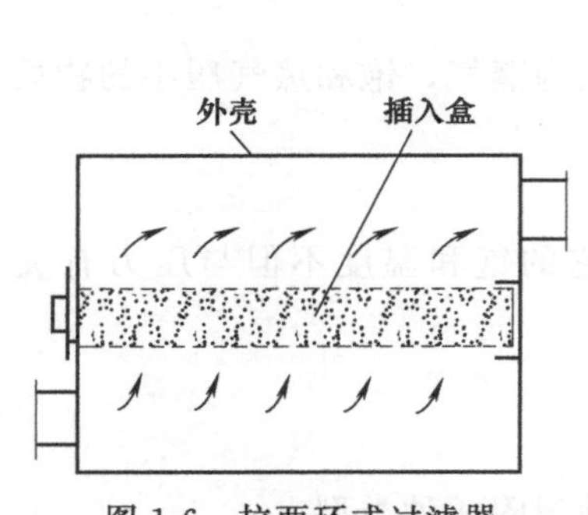

图 1-6　拉西环式过滤器

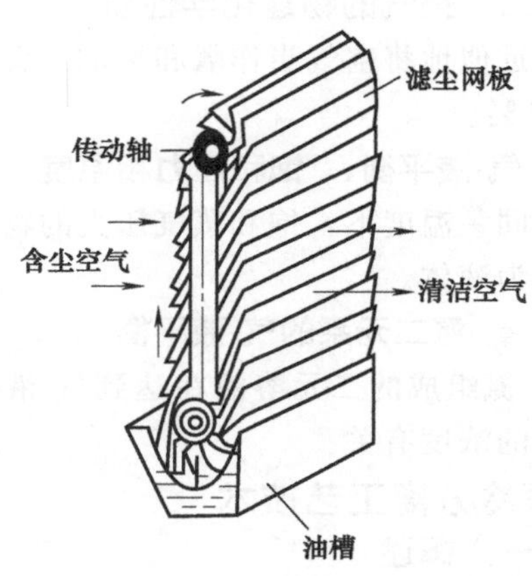

图 1-7　油浸式过滤器

油浸式过滤器的效率一般为 93%～99%，通常用于大型空分装置或含大量灰尘的场合，并常与干带式过滤器串联使用。

③ 袋式过滤器　如图 1-8 所示，袋式过滤器一般由滤袋、清灰装置、清灰控制装置等组成。滤袋是过滤除尘的主体，它由滤布和固定框架组成。滤布及所吸附的粉尘层构成过滤层，为了保证袋式除尘器的正常工作，要求滤布耐温、耐腐蚀、耐磨，有足够的机械强度，除尘效率高，阻力低，使用寿命长，成本低等。空气从滤袋流过时，灰尘被滤布截留而变为洁净空气，滤布上的灰尘积累到一定厚度时，清灰装置启动，使灰尘落入灰箱。

袋式过滤器可避免空气夹带油分，效率可达 98%～99%，但其阻力较油浸式过滤器大。袋式过滤器主要用于大型空分装置以及含灰尘量少的场合，例如海边等。

④ 干带式过滤器　如图 1-9 所示，干带式过滤器所用的干带是一种尼龙丝组成的长毛绒状制品或毛质滤带。干带上、下两端装有滚筒，滚筒由电动机及变速器传动。当通过干带的空气阻力超过规定值（200Pa）时，滚筒电动机启动，使干带转动，脏带存入上滚筒。当阻力恢复正常后，即自动停止转动。干带用完后，拆下上滚筒取出脏带进行清洗。

干带式过滤一般与油浸式过滤器串联使用，其主要作用是清除通过油浸式过滤器后空气中所带的油雾。

⑤ 自洁式空气过滤器　如图 1-10 所示，自洁式过滤器主要由高效过滤桶、文氏管、自洁专用喷头、反吹系统、控制系统、净气室、出风口和框架等组成。

a. 过滤过程　在压缩机吸气负压作用下，自洁式空气过滤器吸入周围的环境空气。当空气穿过高效滤桶时，粉尘由于重力、静电、接触等作用被阻留在滤桶外表面，净化空气进入净气室，然后由风管送出。

图 1-8　袋式过滤器

1—空气进口；2—灰箱；3—空气出口；4—滤袋

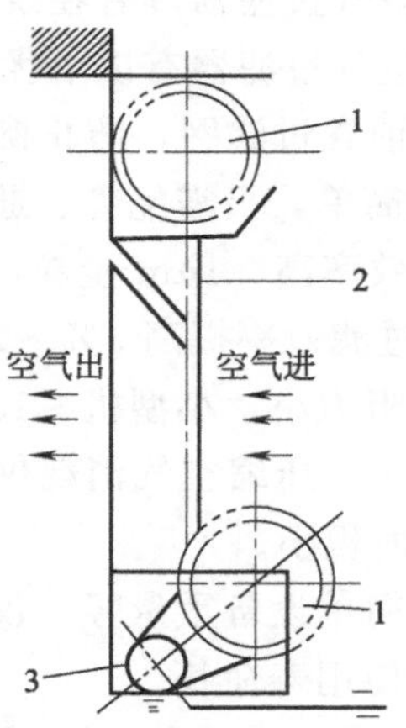

图 1-9　干带式过滤器结构示意图

1—滚筒；2—干带；3—传动装置

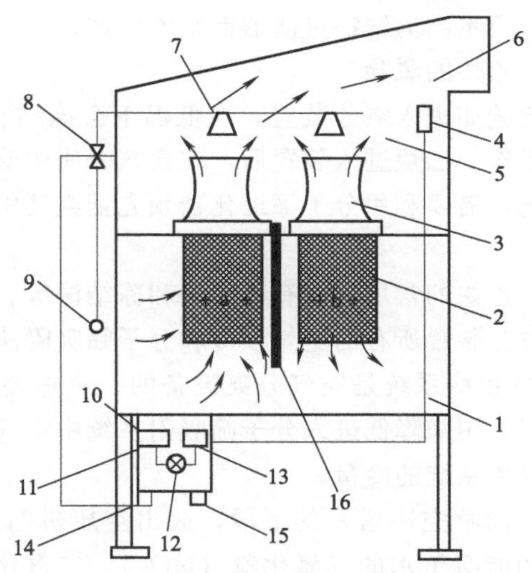

图 1-10　自洁式空气过滤器的结构示意图

1—吸入机箱；2—过滤筒；3—文氏管；4—负压探头；5—净气机箱；
6—净气出口；7—自洁气喷头；8—电磁隔膜阀；9—自洁用压缩空气管线；
10—PLC 微电脑；11—电控箱；12—压盖报警；13—压差控制仪；
14—电磁隔膜阀接线端子；15—电源入口；16—中间隔板

b. 自洁过程　当滤桶的阻力达到一定数值时，电磁阀启动并驱动隔膜阀打开，瞬间释放一股压力为 0.4～0.6MPa 的脉冲气流。气流经专用喷头整流，经文氏管吸卷、密封、膨胀等作用，从滤桶内部均匀地向外冲出，将积聚在滤桶外表的粉尘吹落。

自洁过程可以用以下三种方式控制：

a. 定时定位：可任意设定间隔时间及自洁时间。

b. 差压自洁：当压差超指标时，自动连续自洁。

c. 手动自洁：当电控箱不工作或粉尘较多时，可采用手动自洁。

反吹自洁过程是间断进行的，每次只有1～2组过滤筒处于自洁状态，其余的仍在工作，所以自洁式空气过滤器具有在线自洁功能，以保持连续工作。

自洁式空气过滤器有以下优点：

a. 具有前置过滤网，防止柳絮、树叶及废纸吸入，减轻滤桶负担，延长其使用寿命。

b. 安装简单，只需配管、通电、通气即可工作。

c. 过滤效率高　1μm尘粒，脱除效率为99.5%；2μm尘粒，脱除效率为99.90%。比一般过滤器过滤效率提高5%～10%

d. 过滤阻力小　小型机≤1500Pa，大型机为300～800Pa。

e. 自耗小　压缩空气消耗仅为0.1～0.5m^3/min，电耗量为200～1000W·h。

f. 占地面积小。

g. 结构简单设备重量轻，仅为同容量布袋过滤器及其他过滤器的1/3～1/2。

h. 部件使用寿命长。

i. 防腐性能好　净气室采用优质涂层及不锈钢内衬，以杜绝过滤后的空气受二次污染。外表采用高防腐船用漆，以保证其在室外环境下长期不受腐蚀。

j. 维护工作量低　除每隔两年左右更换滤桶外，过滤器的日常维护工作量为零；更换滤桶不需停止操作，因此用户不因为维护过滤器而影响生产。

（2）水分、二氧化碳、乙炔的脱除

空气中的水分、二氧化碳如进入空分装置，在低温下会冻结、积聚、堵塞设备和阀门，进而影响空分装置的正常工作。乙炔进入装置后，在含氧介质中受到摩擦、冲击或静电放电等作用，会引起爆炸。因此，需要利用分子筛纯化器预先把空气中的水分、二氧化碳、乙炔清除掉。

脱除水分、二氧化碳、乙炔的常用方法有吸附法和冻结法等。视装置不同特点，采用不同方法。在此仅介绍大型空分装置所有的空气预冷和分子筛吸附法。

① 空气预冷系统　空气预冷系统是空气分离设备的一个重要组成部分，它位于空气压缩机和分子筛吸附系统之间，用来降低进入分子筛吸附系统中空气的温度及水蒸气、二氧化碳的含量，合理利用空气分离系统的冷量。

在填料式空气冷却塔（简称空冷塔）的下段，放出空压机的热空气被常温的水喷淋降温，并洗涤空气中的灰尘和能溶于水的二氧化氮（NO_2）、二氧化硫（SO_2）、氯气（Cl_2）、氢氟酸（HF）等对分子筛有毒害作用的物质；在空冷塔的上段，用经污氮降温过的冷水喷淋热空气，使空气的温度降至10～20℃。

② 分子筛吸附法　自20世纪70年代开始，在全低压空分设备上，逐渐用常温分子筛净化空气的技术，来取代原先使用的碱洗及干燥法脱除水分和二氧化碳的方法。此法让空冷塔预冷后的空气，自下而上流过分子筛吸附器（以下简称吸附器），空气中所含的水蒸气（H_2O）、二氧化碳（CO_2）、乙炔（C_2H_2）等杂质相继被吸附剂吸附清除。吸附器一般有两台，一台吸附时另一台再生，两台交替使用。此种流程具有产品处理量大、操作简便、运转周期长和使用安全可靠等优点，成为现代空分工艺的主流技术。

a. 吸附剂　空分系统中常用的吸附剂有硅胶、活性氧化铝和分子筛等。

ⅰ. 硅胶　硅胶是人造硅石，是用硅酸钠与硫酸反应生成的硅酸凝胶经脱水制成，其分子式可写为$SiO_2 \cdot nH_2O$。硅胶具有较高的化学稳定性和热稳定性，不溶于水和各种溶剂

(除氢氟酸和强碱外)。硅胶按孔隙大小的不同，可分为粗孔和细孔两种。

ⅱ. 活性氧化铝 活性氧化铝是用碱或酸从铝盐溶液中沉淀出水合氧化铝，然后经过老化、洗涤、胶溶、干燥和成型而制得氢氧化铝，氢氧化铝再经脱水而得到活性氧化铝，其分子式为 Al_2O_3，呈白色，具有较好的化学稳定性和机械强度。

ⅲ. 分子筛 分子筛是人工合成的泡沸石，是硅铝酸盐的晶体，呈白色粉末，加入黏结剂后可挤压成条状、片状和球状。分子筛无毒、无味、无腐蚀性，不溶于水及有机溶剂，但能溶于强酸和强碱。分子筛经加热失去结晶水，晶体内形成许多毛细孔，其孔径大小与气体分子直径相近，且非常均匀，它有很大的比表面积，其数值一般为 $800\sim10000m^2/g$，因此有很强的吸附能力。分子筛允许小于孔径的分子通过，而大于孔径的分子被阻挡，它可以根据分子的大小，实现组分分离，因此称为“分子筛”。

分子筛对杂质的吸附具有选择性，其选择性首先取决于分子直径，凡大于其毛细孔直径的分子不能进入，因此不会被吸附；其次，进入毛细孔内的分子能否被吸附，与其极性、极化率和不饱和度等性质有关，一般对水、二氧化碳等极性分子以及乙炔等不饱和分子易吸附，而对氢气、乙烷等非极性分子以及饱和分子不易吸附。

目前空分设备中通常选用 13X 型分子筛作为空气净化吸附剂，其孔径为 1nm，其吸附孔径大于其他分子筛，便于吸附和解吸。13X 型分子筛吸水性强，在高温、低压下具有良好的吸附性能，除此之外，它还能吸附空气中更多种类的有害杂质。

b. 吸附原理 吸附是利用一种多孔性固体物质去吸取气体（或液体）混合物中的某些组分，使该组分从混合物中分离出来的操作。通常把被吸附物含量低于 3%并且是弃之不用的吸附，称为吸附净化；若被吸附物含量高于 3%或虽低于 3%但被吸附物是有用而不弃去的吸附称为吸附分离。空气中的水分、二氧化碳等杂质含量都低于 3%，并弃去不用，因此这种吸附被称为空气的吸附净化或吸附纯化。吸附用的多孔性固体称为吸附剂，被吸附的组分称为吸附质，吸附所用的设备称为吸附器。

当吸附质浓度为 y_n 的混合气体以恒定流速、自下而上进入吸附器时，吸附质首先在靠近吸附器进口端的入口处被吸附剂吸附，并渐渐趋于饱和，此时吸附剂上的吸附质浓度 x_n 与进气浓度 y_n 平衡，气体经过这一段吸附柱时，浓度不再发生变化，这一区域被称为吸附平衡区。在平衡区以上是正在进行吸附的传质区，传质区以上是未吸附区。继续进料，吸附器中传质区逐渐上移，平衡区慢慢扩大，未吸附区相应缩小。当传质区前缘移出吸附柱时，则流出气体中吸附质浓度开始增加。当传质区的尾缘也离开吸附柱的出口截面时，这时整个吸附柱都达到饱和，对原料气中的吸附质不再具有吸附能力，此时通过吸附柱的气体中，吸附质的浓度仍为 y_n。

传质区前缘到达吸附柱出口截面的时刻，称为吸附转效点。从开始吸附到转效点的时间称为吸附时间。吸附时间的长短，取决于吸附剂颗粒的大小、吸附床层的高低、气体通过床层的气速以及气体中吸附质浓度的高低等。通常吸附剂颗粒大、吸附床层低、气体通过床层的气速快、气体中吸附质的浓度高，则吸附时间就短。

c. 吸附剂的再生 吸附剂的再生是指所吸附的吸附质脱附的过程。吸附剂再生的过程，就是使干燥的热气流流过吸附剂床层，在高温的作用下，被吸附的吸附质脱附，并被热气流带走的过程。

(3) 烃类化合物的脱除

采用分子筛纯化流程，大部分烃类化合物等危险杂质已在纯化器内清除掉，残留部分仍要进入塔内，并积储在冷凝蒸发器中。其间由于液氧的不断蒸发，将会有使烃类化合物浓缩的危险，但只要从冷凝蒸发器中连续排放部分液氧，就可防止烃类化合物的浓缩。如果在冷凝蒸发器中提取液氧产品，就可不用另外排放液氧来防止烃类化合物浓缩了。

各种烃类化合物在液氧中的爆炸敏感性顺序为：

乙炔＞丙烯＞丁烯＞丁烷＞丙烷＞甲烷

(4) 冷箱前端净化

空气经除尘、压缩、水冷后，水分、CO_2及烃类物质还存留在其中，为了保证冷箱内设备不受堵塞并消除爆炸的危险，早期的空分采用碱洗脱CO_2、水分，但对乙炔等烃类物质只能在冷箱内设置硅胶吸附器除去，目前主要采取分子筛吸附为主的方法，在空气进入冷箱之前，使各种有害气体杂质清除干净。

分子筛对被吸附的气体具有高的选择性。

气体的吸附多为放热效应，因此，温度越低，压力越高，对吸附越有利。

2. 空气的液化

空气的液化指将空气由气相变为液相的过程，目前采用的方法是给空气降温，让其冷凝。常温常压下，氧、氮为气态物质。在标准大气压下，当氧被冷却到－183℃、氮被冷却到－196℃时，将相继被液化为液体。当空气的温度降至－140.6℃以下时，才能液化。

工业上通常将获得－100℃以下温度的方法称为深度冷冻法，简称深冷法。空气的液化必须采用深冷技术，工业上深度冷冻一般是利用高压气体进行绝热膨胀来获得低温的。

(1) 节流膨胀（对外不做功）

节流膨胀是连续流动的高压气体，在绝热和不对外做功的条件下，经过节流阀急剧膨胀到低压的过程。

节流时由于压力降低而引起的温度变化称为节流效应（焦耳-汤姆逊效应）。

由于节流前后气体压力差较大，因此节流过程是不可逆过程。气体在节流过程中，既无能量收入，又无能量支出，节流前后能量不变，故节流膨胀为等焓过程。

气体经过节流膨胀后，一般温度要降低。温度降低的原因是气体分子间具有吸引力，气体膨胀后压力降低，体积膨胀，分子间距离增大，分子位能增加，必须消耗分子的动能。

(2) 等熵膨胀（对外做功）

等熵膨胀是压缩气体经过膨胀机，在绝热条件下膨胀到低压，同时输出外功的过程。

由于气体在膨胀机内以微小的推动力逐渐膨胀，因此过程是可逆的。可逆绝热过程的熵不变，故膨胀机的绝热膨胀为等熵过程。

气体经过等熵膨胀后温度总是降低的，主要原因是气体通过膨胀机对外做了功，消耗了气体的内能，次要原因是膨胀时为了克服气体分子间的吸引力，消耗了分子的动能。

(3) 深度冷冻循环

在空气液化的过程中，为了补充冷损、维持工况以及弥补换热器复热的不足，需要用到制冷循环。目前空气液化深度冷冻循环主要有两种类型：以节流为基础的液化循环；以等熵膨胀与节流相结合的液化循环。

① 以节流膨胀为基础的循环　节流膨胀循环是由德国的林德教授首先研究成功的，故也称林德循环。

林德循环是以节流膨胀为基础的液化循环，节流的温降很小，制冷量也很少，所以在室温下通过节流膨胀不可能使空气液化，必须在接近液化温度的低温下节流才有可能液化。因此，以节流为基础的液化循环，必须使空气预冷，常采用逆流换热器，回收冷量预冷空气。

林德节流循环流程如图 1-11 所示，该系统由压缩机、中间冷却器、逆流换热器、节流阀及气液分离器组成。应用林德循环液化空气需要有一个启动过程，首先要经过多次节流，回收等焓节流制冷量预冷加工空气，使节流前的温度逐步降低，其制冷量也逐渐增加，直至逼近液化温度，产生液化空气。

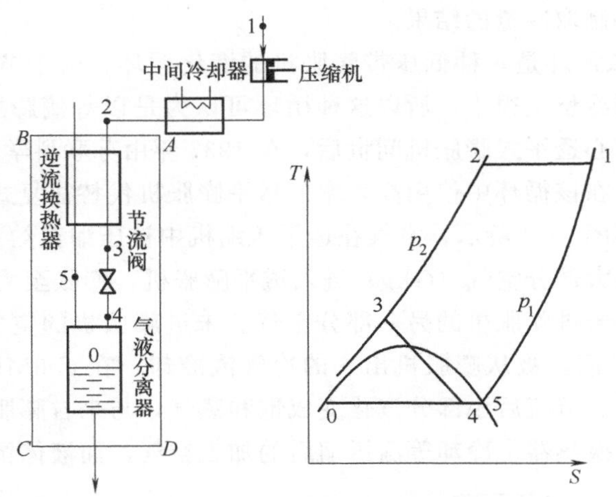

图 1-11　林德循环的流程图

林德循环采用等熵膨胀，气体工质对外做功，能够有效地提高循环的经济性；但林德循环实际上也存在着许多不可逆损失，其液化系数（液化空气占加工空气的比例）及制冷系数（单位功耗所能获得的冷量）都很低，而且节流过程的不可逆损失很大且无法回收。

② 以等熵膨胀与节流相结合的液化循环　a. 克劳德循环　1902 年，法国工程师克劳德提出了膨胀机膨胀与节流相结合的液化循环，称为克劳德循环，该循环使用往复式膨胀机进行等熵膨胀。

克劳德循环流程如图 1-12 所示，空气由点 1（T_1，p_1）被压缩机等温压缩至点 2（T_1，p_2），经换热器Ⅱ冷却至点 3 后分为两部分，其中 Mkg 进入换热器Ⅲ继续被冷却至点 5，再

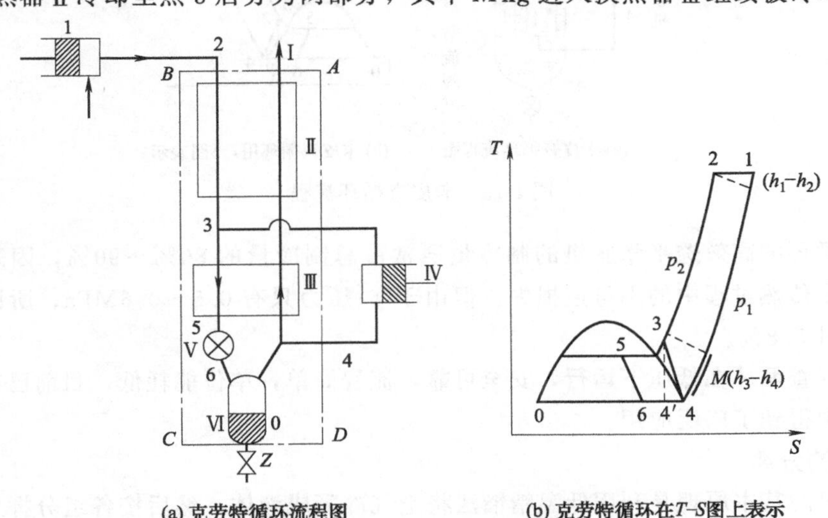

(a) 克劳特循环流程图　(b) 克劳特循环在T-S图上表示

图 1-12　克劳德循环流程

由节流阀Ⅴ节流至大气压（点6），这时Zkg气体变为液体，$(M-Z)$ kg的气体成为饱和蒸气返回。当加工空气为1kg时，另一部分$(1-M)$ kg气体，进入膨胀机Ⅳ膨胀至点4，膨胀后的气体在换热器Ⅲ热端与节流后返回的饱和空气相汇合，返回换热器Ⅲ预冷却Mkg压力为p_2的高压空气，再逆向流过换热器Ⅱ，冷却等温压缩后的正流高压空气。

与林德循环相比较，克劳德循环的制冷量和液化系数都大，这是由于$(1-M)$ kg的空气在膨胀机中做功而多制取冷量的结果。

b. 卡皮查循环　该循环是一种低压带膨胀机的液化循环，由于节流前的压力低，节流效应很小，等焓节流制冷量也很小，所以这种循环可认为是以等熵膨胀为主导的液化循环，此液化循环是在高效离心透平式膨胀机问世后，在1937年由苏联科学院院士卡皮查提出的，因此称为卡皮查循环，在该循环中使用高效率的透平膨胀机代替往复式膨胀机。

卡皮查循环流程如图1-13所示，空气在透平压缩机中被压缩至约0.6MPa，经换热器Ⅰ冷却后分成两部分，绝大部分空气（Gkg）进入透平膨胀机，膨胀至大气压，然后进入冷凝器Ⅱ，将其冷量传递给未进膨胀机的另一部分空气。未进膨胀机的空气数量较小，为$(1-G)$kg，它在冷凝器的管间，被从膨胀机出来的冷气流冷却，在0.6MPa的压力下冷凝成液体，而后节流到大气压。节流后小部分汽化变成饱和蒸气，与来自膨胀机的冷气流汇合，通过冷凝器管逆流，流经换热器Ⅰ冷却等温压缩后的加工空气，而液体留在冷凝器的底部。

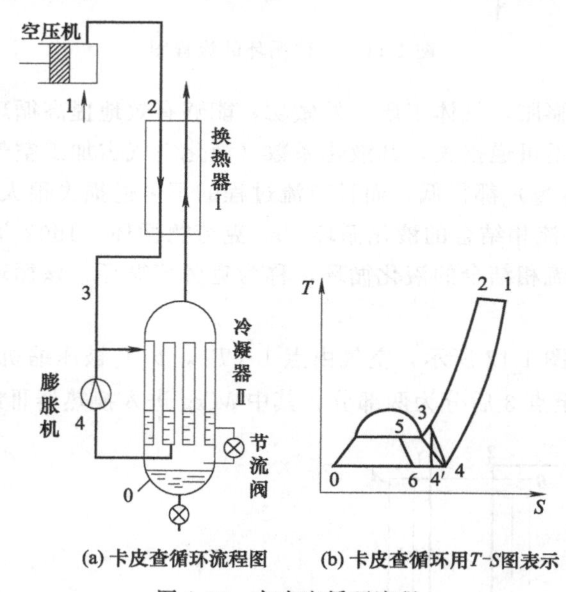

(a) 卡皮查循环流程图　　(b) 卡皮查循环用T-S图表示

图1-13　卡皮查循环流程

卡皮查循环的高效透平膨胀机的制冷量通常占总制冷量的80%～90%，因采用高效换热器，减少了传热过程中的不可逆损失，但由于p_2压力只有0.5～0.6MPa，所以循环的液化系数不超过5.8%。

由于卡皮查循环在低压下运行，安全可靠，流程简单，单位能耗低，目前已在现代大中型空分装置中得到了广泛应用。

3. 空气的分离

空气分离的基本原理是利用低温精馏法将空气冷凝成液体，然后按各组分挥发性的不同将空气分离。

空气的精馏过程在精馏塔中进行。以筛板塔为例，在圆柱形筒内装有水平放置的筛孔板，温度较低的液体自上一块塔板经溢流管流下来，温度较高的蒸气由塔板下方通过小孔往上流动，与筛孔板上的液体相遇，两者进行传热和传质，实现气相的部分冷凝和液相的部分汽化，从而使气相中的氮含量提高，液相中的氧含量提高，连续经过多块塔板后就能够完成整个精馏过程，从而得到所要求的氧、氮产品。

根据所需产品的不同，空气的精馏通常有单极精馏和双级精馏两种类型，两者有如下区别：单级精馏以仅分离出空气中的某一组分（氧或氮）为目的，而双级精馏以同时分离出空气中的多个组分为目的。

（1）单级精馏

① 制取高纯度液氮（或气态氮）　制取高纯度液氮（或气态氮）的单级精馏塔如图 1-14（a）所示，该塔由塔釜、塔板及筒壳、冷凝蒸发器三部分组成。塔釜和冷凝蒸发器之间装有节流阀，压缩空气经净化系统和换热系统，除去杂质，冷却后进入塔底部，并自下而上地穿过每块塔板，并与塔板上的液体接触，同时进行热和质的交换。只要塔板数目足够多，在塔的顶部就能得到高纯度的气态氮。该气态氮在冷凝蒸发器内被冷却变成液体，一部分作为液氮产品，由冷凝蒸发器引出；另一部分作为回流液，沿塔板自上而下地流动，回流液与上升的蒸气进行热、质的交换，最后在塔底得到含氧较多的液体，称为富氧液化空气，或称釜液。釜液经节流阀进入冷凝蒸发器的蒸发侧（用来冷却冷凝侧的氮气）被加热而蒸发，变成富氧气体引出。如果需要获得气态氮，则可从冷凝蒸发器的顶盖下引出。由于釜液与进塔的空气处于接近平衡的状态，故该塔仅能获得纯氮。

② 制取高纯度液氧（或气态氧）　制取高纯度液氧（或气态氧）的单级精馏塔如图 1-14（b）所示，该塔由塔体、塔板、塔釜和釜中的蛇管蒸发器组成。被净化和冷却的压缩空气经过蛇管蒸发器时逐渐被冷凝，同时将它外面的液氧蒸发。冷凝后的压缩空气经节流阀进入精馏塔的顶端，此时由于节流降压，有一部分液体汽化，大部分液体则自塔顶沿塔板向下流动，并与上升蒸气在塔板上充分接触，液体中氧含量逐步增加。当塔内有足够多的塔板数时，在塔底可以得到纯液氧，所得产品氧可以以气态或液态引出。由于从塔顶引出的气体和节流后的液化空气处于平衡状态，故该塔不能获得纯氮。

（2）双级精馏

单级精馏塔分离空气是不完善的，不能同时获得纯氧和纯氮，只有在少数情况下使用，为了弥补单级精馏塔的不足，便产生了双级精馏塔，精馏塔的内件可采用板式塔或填料塔。

如图 1-15 所示，双级精馏塔由下塔、上塔和连接上下塔的冷凝蒸发器组成。下塔的作用是将空气进行初步分离，得到液体氮和液体富氧空气；下塔理论板数与氮纯度有关，当不产纯氮时，下塔板数为 25 块即可。上塔的作用是将空气进一步分离，得到纯氧和纯氮；上塔理论板数取决于氧的纯度，当氧纯度为 99.5%，上塔板数需大于 76 块。

经过压缩、净化、冷却后的空气进入下塔底部，自下而上穿过每块塔板，至下塔顶部得到一定纯度的气氮，下塔塔板数越多，气氮纯度就越高。氮进入冷凝蒸发器的冷凝侧时，由于它的温度比蒸发侧液氧温度高，被液氧冷却变成液氮。一部分液氮作为下塔回流液沿塔板流下，至下塔塔釜便得到氧含量 36%～40% 的富氧液化空气；另一部分液氮聚集在液氮槽中，经液氮节流阀节流后，进入上塔顶部作为上塔的回流液。

下塔塔釜中的液化空气经液化空气节流阀节流后进入上塔中部，沿塔板逐块流下进行精馏，只要有足够多的塔板，在上塔的最下一块塔板上可以得到纯度很高的液氧。液氧进入冷

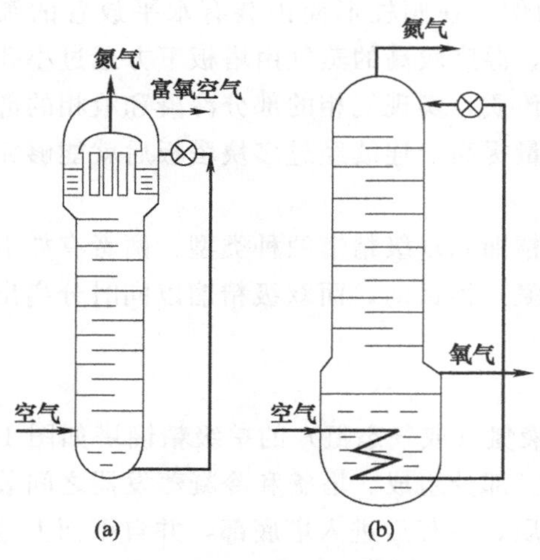

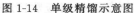

图 1-14 单级精馏示意图

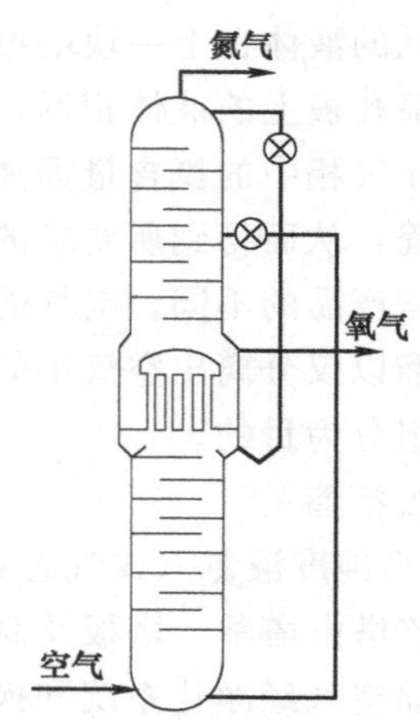

图 1-15 双级精馏示意图

凝蒸发器的蒸发侧，被下塔的气氮加热蒸发。蒸发出来的气氧，一部分作为产品引出，另一部分自下而上穿过每块塔板进行精馏，气体越往上升，其氮含量越高。

双级精馏塔可在上塔顶部和底部同时获得纯氮气和纯氧气，也可以在冷凝蒸发器的蒸发侧和冷凝侧分别取出液氧和液氮。精馏塔中的空气分离分为两级，空气首先在下塔进行第一次分离，获得液氮，同时得到富氧液化空气；富氧液化空气被送往上塔进行进一步精馏，从而获得纯氧和纯氮。上塔又分为两段，一段是从液化空气进料口至上塔底部，是为了将液体中氮组分分离出来，提高液体中的氧含量，称为提馏段；另一段是从富氧液化空气进料口至上塔顶部，它是用来进一步精馏上升气体，回收其中的氧组分，不断提高气体中的氮含量，称为精馏段。冷凝蒸发器是连接上、下塔，使两者进行热量交换的设备，它对下塔而言是冷凝器，对上塔而言是蒸发器。

4. 空分装置类型

根据冷冻循环压力的大小，空分装置可分为高压（7～20MPa）、中压（1.5～5MPa）、低压（0.5～0.8MPa）和超低压（<0.3MPa）装置。

高压装置一般为小型制取气态产品和液态产品的装置，中压装置主要为小型制取气态产品的装置，低压装置多为中型和大型制取气态产品的装置。对于国产空分装置，一般产氧量在 $20m^3/h$ 以下的小型制取液氧、液氮的装置为高压装置，产氧量为 $50m^3/h$、$150m^3/h$、$300\ m^3/h$ 的装置为中压装置，产氧量大于 $800m^3/h$ 的装置均为低压装置。

5. 工艺流程

随着空分技术的改进，我国的空分装置经历了铝带蓄冷器冻结高低压流程、石头蓄冷器冻结全低压流程、切换式换热器冻结全低压流程、常温分子筛净化全低压流程、常温分子筛净化增压膨胀流程和常温分子筛净化填料型上塔全精馏制氩流程等多次技术革命。装置规模日趋大型化，能耗越来越低，从最初的主要用于冶金行业，到今天服务于大型煤气化工艺。

深冷空分流程的主要区别在于各过程所用的设备不同、操作条件不同、所生产的氧产品的量和压力不同，但深冷空分系统都由以下流程构成。

① 空气的压缩与预冷；

② 空气中水分、CO_2 的脱除与深度冷冻；

③ 空气的精馏分离。

图 1-16 为大型煤气化技术的内压缩空分装置流程。

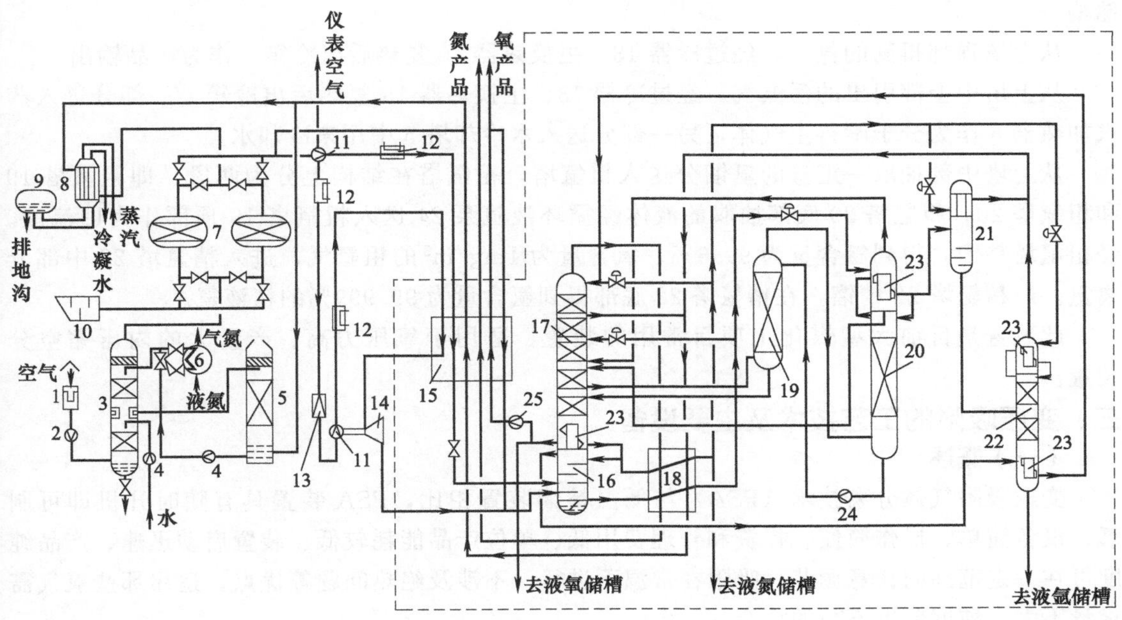

图 1-16　内压缩空分装置流程

1—自洁式空气过滤器；2—空气透平压缩机；3—空气冷却塔；4—水泵；5—水冷却塔；6—氨冷器；7—分子筛吸附器；8—蒸汽加热器；9—气液分离器；10—放空消音器；11—空气增压机；12—空气冷却器；13—空气过滤器；14—膨胀机；15—主换热器；16—空分下塔；17—空分上塔；18—液化空气、液氮过冷器；19—粗氩Ⅰ塔；20—粗氩Ⅱ塔；21—粗氩液化器；22—精氩塔；23—冷凝器；24—液氩泵；25—液氧泵

原料空气在过滤器 1 中除去灰尘和机械杂质后，进入空气透平压缩机 2 加压至 0.6MPa 左右，然后被送入空气冷却塔 3 进行清洗和预冷。空气从空气冷却塔的下部进入，从顶部出来。空气冷却塔的给水分为两段，下段使用经用户水处理系统冷却过的循环水，而冷却塔的上段则使用经水冷却塔 5 冷却后的水，使空气冷却塔 3 出口空气温度降至 15℃左右。空气冷却塔顶部设有丝网除雾器，以除去空气中的水滴。

从空气冷却塔 3 出来的空气进入交替使用的分子筛吸附器 7，在吸附器内原料空气中的水分、二氧化碳、乙炔等杂质被分子筛吸附。分子筛设有两台，定期自动切换使用，其中一台在工作时，另一台进行活化再生。活化再生时被吸附的杂质被污氮带出，排入大气。

净化后的加压空气分为三股。第一股引出作仪表空气，第二股进入主换热器 15 与返流的污氮气和产品气换热，被降温至－171℃后进入下塔 16 进行精馏。第三股经空气增压机压缩后再分为两股。这两股中的一股相当于膨胀量的空气从增压机一端抽出，经增压膨胀机的增压端增压至 3.8MPa 后，经气体冷却器冷却，进入主换热器冷至－118℃，从中部抽出，经膨胀机 14 膨胀后，进入下塔 16 进行精馏；另一股气体经增压机继续增压至 6.96MPa，再进入主换热器 15 换热降温至－161℃，节流减压后进入下塔 16。

空气经下塔 16 初步精馏后，在下塔底部获得液化空气，在下塔顶部获得纯氮。从下塔抽取的液化空气、液氮经过冷器 18 过冷后进入上塔相应部位。另抽取一部分液氮直接送入液氮储槽。

经上塔进一步精馏后，在上塔底部获得纯液氧，经液氧泵 25 加压至所需压力后，经主换热器 15 复热至 20℃出冷箱，得到带压氧气产品，液氧产品从冷凝蒸发器底部抽出，进入储槽。

从上塔顶部得到的氮气，经过冷器 18、主换热器 15 复热后出冷箱，作为产品输出。

从上塔中上部引出的污氮气，经过冷器 18、主换热器 15 复热后出冷箱，一部分进入蒸汽加热器 8 作为分子筛再生气体，另一部分送入水冷却塔 5 中用来冷却水。

从上塔中部抽取一定量的氩馏分送入粗氩塔，粗氩塔在结构上分为两段，即粗氩塔 19 和粗氩塔 20，粗氩塔 20 底部抽取的液体经循环液氩泵 24 送入粗氩塔 19 顶部作为回流液。经粗氩塔精馏，得到氩含量为 99.6%、氧含量为 $1mg/m^3$ 的粗氩气，进入精氩塔 22 中部分离氮。经精氩塔 22 精馏，在精氩塔 22 底部得到氩含量为 99.999%的精液氩。

此装置是目前大型煤化工项目常用的装置，适用于氧压力高、产量大的内压缩空分装置。

三、变压吸附的工艺技术及主要设备

（一）概述

变压吸附气体分离技术（PSA）与低温精馏装置相比，PSA 装置具有随时开机即可制氧、设备简单、操作简便、投资和管理费用低、单位产品能耗较低、装置启动迅速、产品纯度可在一定范围内任意调节、吸附在常温下进行、不涉及绝热问题等优点，适用那些氧气需求量不大、纯度要求不高的场合。

（二）变压吸附的基本原理

1. 吸附的定义

当两相组成一个体系时，其成分在两相界面与相内部是不同的，处在两相界面处的成分产生了积蓄（浓缩），这种现象称为吸附。

已被吸附的原子和分子，返回到液相或气相中，称为解吸。

在两界面处，被吸附的物质称为吸附质，吸附相称为吸附剂。

2. 常用的吸附剂

常用的吸附剂主要有活性白土、硅胶、活性氧化铝、活性炭、碳分子筛、合成沸石分子筛等。

吸附剂的发展方向是合成孔径分布均匀、微孔直径可按需要确定的吸附剂。

3. 吸附剂的再生

按吸附剂的再生方法可将吸附分离循环过程分为变温再生吸附法和变压吸附法两大类。

（1）变温再生吸附法

变温再生吸附法是在较低温度下吸附，通过升高温度的方法使吸附剂解吸再生。

（2）变压吸附法

变压吸附法利用吸附剂对吸附质在不同的压力下吸附容量和选择性的差异进行吸附。加压下吸附容量大，通过降压将吸附的组分解吸出来。

4. 变压吸附的基本工作步骤

对于变压吸附法，工业上一般都采用固体相作为吸附剂，吸附质为气相。一般包括以下三个基本工作步骤：吸附；解吸再生；升压。

（三）变压吸附的主要设备与流程

1. 变压吸附的主要设备

① 过滤器　主要用于过滤空气中的粉尘等杂质。

② 冷却及分离器　用于冷却空气及分离空气中的游离水。

③ 吸附器　用于分离氧、氮等气体产品。

④ 真空解吸泵　用来进行分子筛吸附剂再生。

2. 变压吸附的流程

① PSA 工艺流程　该流程能同时制富氧和富氮。

② 变压吸附与低温精馏组合式制氧流程　该流程满足 O_2纯度高、出氧快、能耗低、适应性强的要求。

任务四　气化过程生产技术

一、概述

（一）影响气化的主要因素

1. 气化原料的理化性质

煤的水分；煤的挥发分；煤的硫分；煤的灰分；煤的黏结性；煤的机械强度；煤的热稳定性；煤的灰熔点；煤的化学活性。

2. 气化过程操作条件

反应温度；反应压力；进料状态；加料粒度；排渣温度。

3. 气化炉构造

气化炉：进行煤气化的设备。

气化炉由三大部分组成：

加煤系统；气化反应部分；排灰系统。

（二）气化炉的分类与结构

煤气化过程中，反应物以两种相态存在：

(1) 气相

空气、氧气、水蒸气和气化剂形成的煤气。

(2) 固相

燃料和燃料气化后形成的固体，如灰渣等。

工业上把煤气化过程的这种反应称为气-固相反应。

以燃料在炉内的运动状况来分类，可将气化炉分为以下四种类型：固定床（移动床）气化炉、流化床（沸腾床）气化炉、气流床气化炉、熔融床气化炉。

二、移动床气化工艺

（一）移动床的床层结构及温度分布

移动床是一种较老的气化装置，如图 1-17 所示，燃料由移动床上部的加煤装置加入，底部通入气化剂，反应后的灰渣由底部排出。

燃料主要有褐煤、长焰煤、烟煤、无烟煤、焦炭等；气化剂主要有空气、空气-水蒸气、氧气-水蒸气等。

移动床内料层分布情况如图 1-18 所示，共分为 6 层。

1. 灰层（100mm）

灰层的作用是：

① 均匀分布气化剂；

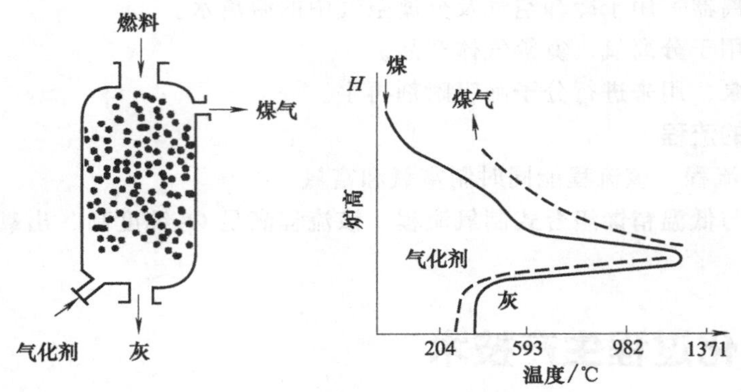

图 1-17　移动床及其炉内料层温度分布

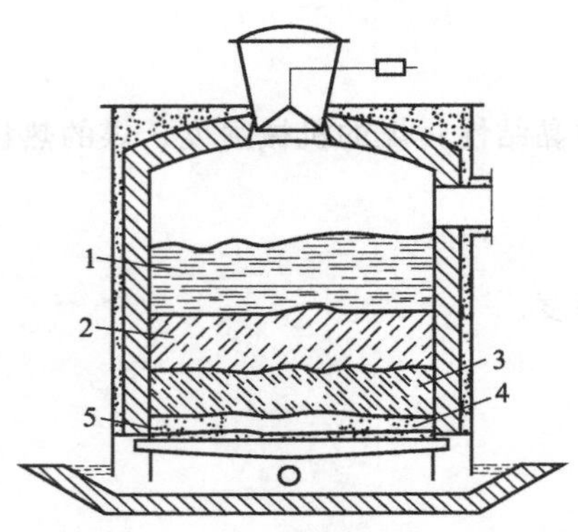

图 1-18　移动床内料层分布情况

1—干燥层；2—干馏层；3—还原层；4—氧化层（火层）；5—灰渣层

② 预热气化剂；

③ 保护分布板。

2. 氧化层（燃烧层或火层）(150～300mm)

氧化层的主要反应（$\Delta H<0$，放热反应）有：

$$C+O_2 = CO_2$$

$$2C+O_2 = 2CO$$

$$2CO+O_2 = 2CO_2$$

氧化层的温度是最高的，一般在不烧结的情况下，氧化层温度越高越好，温度低于灰分熔点的 80～120℃为宜，为 1200℃左右。

3. 还原层（300～500mm）

还原层的主要化学反应有：

$$C+CO_2 \rightleftharpoons 2CO$$

$$C+H_2O \rightleftharpoons H_2+CO$$

$$C+2H_2O \rightleftharpoons 2H_2+CO_2$$

$$C+2H_2 \rightleftharpoons CH_4$$

$$CO+3H_2 \rightleftharpoons CH_4+H_2O$$

$$2CO+2H_2 \rightleftharpoons CO_2+CH_4$$

$$CO_2+4H_2 \rightleftharpoons CH_4+2H_2O$$

常压气化主要的生成物是 CO、CO_2、H_2、CH_4（少量）；加压气化时，CH_4和 CO_2的含量较高。

氧化层和还原层统称为气化层。气化层薄，出口温度高；气化层厚，出口温度低。在实际操作中，以煤气出口温度控制气化层温度，一般煤气出口温度控制在 600℃左右。

4. 干馏层

在干馏层，煤中的挥发分发生裂解，产生甲烷、烯烃和焦油等物质，它们受热成为气态而进入干燥层。该层所得气体中含有较多甲烷，因而煤气热值高。

5. 干燥层

上升的热煤气与刚入炉的燃料在这一层相遇并进行换热，燃料中的水分受热蒸发。

脱水过程分为以下三个阶段。

(1) 上部

上升的热煤气使煤受热，先使煤表面的外在水分汽化，内在水分同时被加热。

(2) 中部

外在水分已基本蒸发完，内在水分保持较长时间，温度变化不大，直至水分全部蒸发完，温度才继续上升，燃料被彻底干燥。

(3) 下部

水分全部汽化，上升的热气流主要用来预热煤料，同时逸出吸附的CO_2等气体。

6. 空层

空层的作用：

① 汇集煤气；

② 使炉内生成的还原气体和干馏层生成的气体混合均匀。

注意：上述各层的划分及高度，随燃料的性质和气化条件而异，且各层没有明显的界线，往往是相互交错的。

(二)常压移动床气化工艺

1. 常见工艺流程

煤气发生站的工艺流程按气化原料性质、煤气的用途、投资费用等因素来综合考虑。

(1) 热煤气工艺流程

热煤气工艺流程无冷却装置，从气化炉出来的热煤气直接作为燃料气。该流程简单，距离短，热损失小。

(2) 冷煤气工艺流程（无焦油回收系统）

无焦油回收系统的冷煤气工艺流程（图 1-19）所用气化原料为无烟煤或焦炭，煤气中没有或仅有少量焦油，采用 3M-21 型、W-G 型煤气发生炉，发生炉后的净化系统主要用来冷却和除尘。

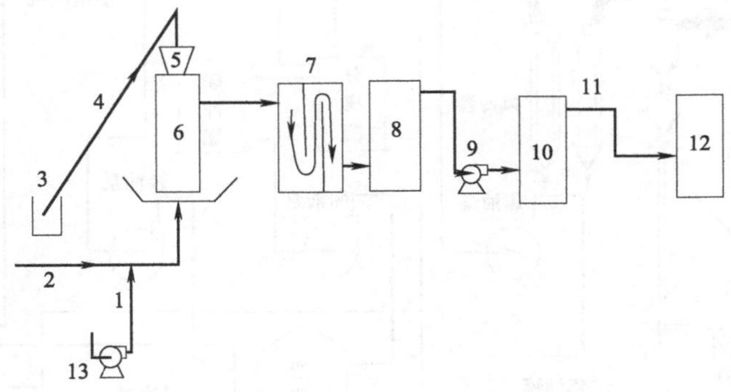

图 1-19　无焦油回收系统的冷煤气流程示意图

1—空气管；2—蒸汽管；3—原料坑；4—提升机；5—煤料储斗；6—发生炉；7—双竖管；8—洗涤器；9—排送机；10—除雾器；11—煤气主管；12—用户；13—送风机

(3) 冷煤气工艺流程（有焦油回收系统）

有焦油回收系统的冷煤气工艺流程（图 1-20）所用气化原料为烟煤和褐煤，煤气中会有大量的焦油蒸气，这种焦油冷凝下来会堵塞煤气管道和设备，所以必须从煤气中除去。

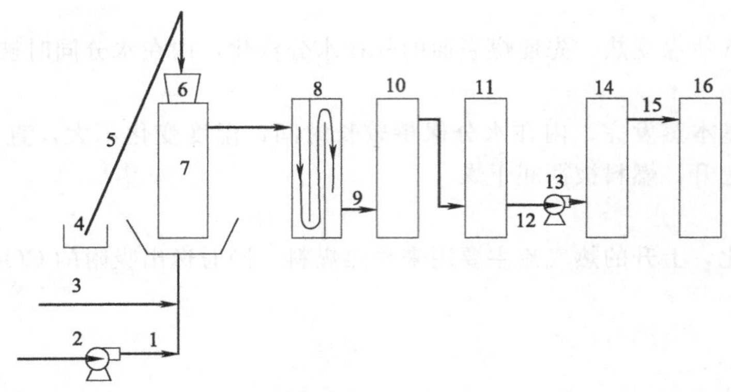

图 1-20　有焦油回收系统的冷煤气流程示意

1—空气管线；2—送风机；3—蒸汽管线；4—原料煤坑；5—提升机；6—煤料储斗；7—煤气发生炉；8—双竖管；9—初净煤气总管；10—电除尘器；11—洗涤塔；12—低压煤气总管；13—排送机；14—除雾器；15—高压煤气总管；16—用户

(4) 冷煤气工艺流程（两段式）

两段炉形成两段独立的煤气流，即顶部煤气和底部煤气，两段煤气的净化工序不同。两段式冷煤气工艺流程见图 1-21。

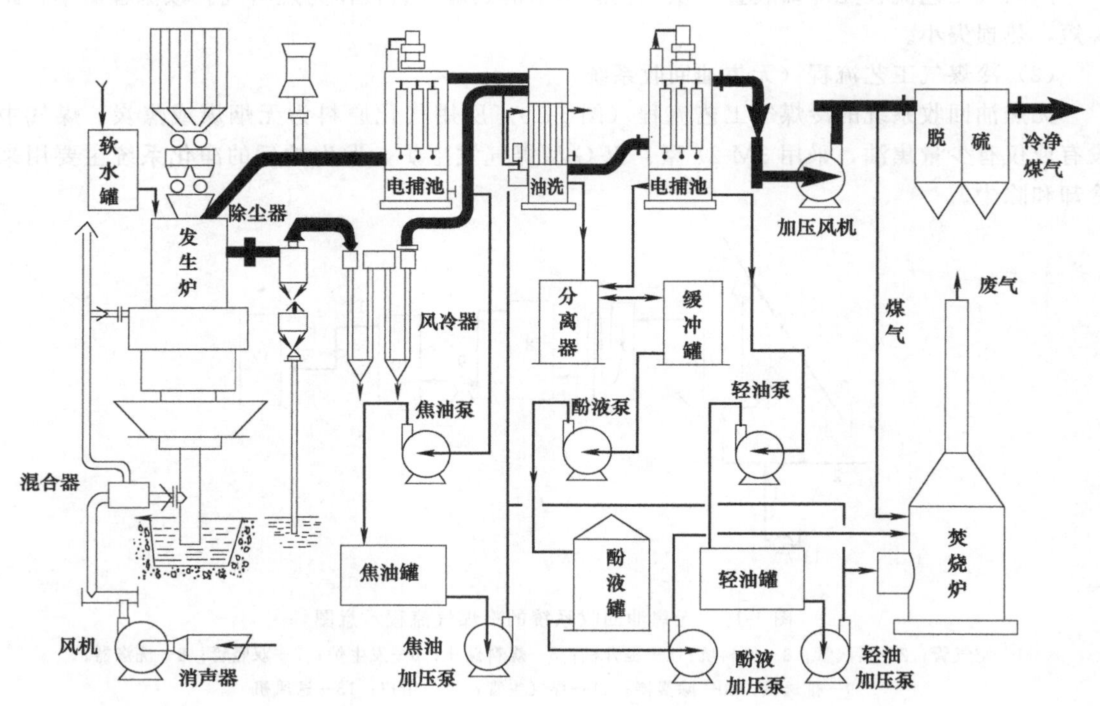

图 1-21　两段式冷煤气工艺流程

顶部煤气温度低，一般为 100～150℃，主要含有焦油，飞灰颗粒少。顶部煤气首先经电捕焦油器除去大部分焦油蒸气，然后和风冷器来的底部煤气混合。

底部煤气温度为 500～600℃，主要含有飞灰颗粒，而焦油含量少。底部煤气首先流经除尘器，除去煤气中的大量粉尘，然后流经风冷器，冷却到120℃左右，与顶部煤气混合一起送入洗涤塔，在塔内混合煤气被冷却到35℃左右。洗涤后的煤气进一步引入到电捕轻油器，在此除去煤气中剩余的粉尘和油雾，然后经过排送机加压送至用户使用。

2. 主要设备简介

(1) 双竖管（冷却和净化设备）

双竖管是两个相连的钢质直立圆筒形装置（图1-22）。煤气在双竖管冷却后的温度为85～95℃，冷却水温度从30℃左右升到40～45℃，除尘效率为70%左右，除焦油效率为20%左右。

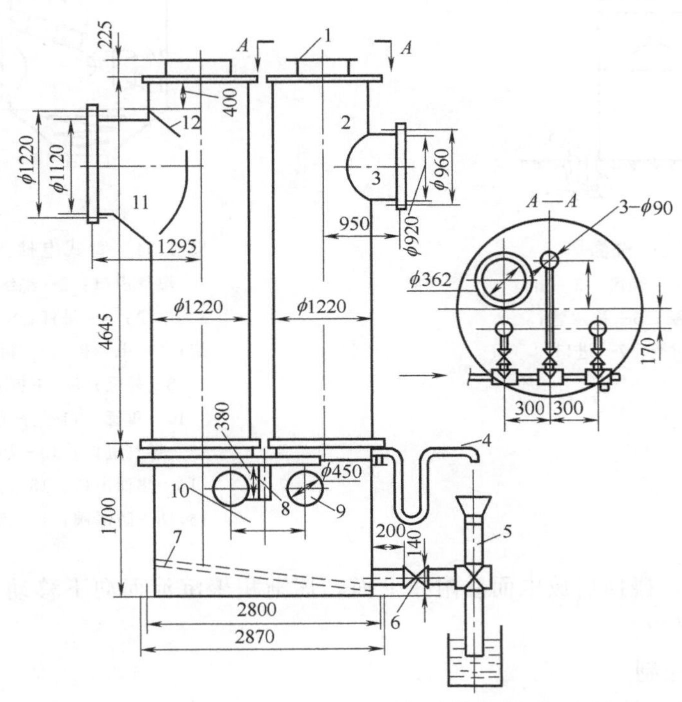

图1-22　双竖管示意

1—进水管装置及喷头；2—竖管外壳；3—煤气出口；4—溢流管；5—疏水管；6—闭路阀；7—流水斜板；8,12—挡板；9—人孔；10—底座；11—煤气进口

(2) 洗涤塔（冷却和净化设备）

洗涤塔（图1-23）是煤气发生炉的重要辅助设备，它的作用是用冷却水对煤气进行有效的洗涤，使煤气得到最终冷却、除尘和干燥。为避免带出水分，在塔内喷头上部加一段捕滴层。

经洗涤塔洗涤后的煤气最终被冷却到35℃左右，煤气中的含水量大大下降。这是由于煤气被冷却后，煤气中的水蒸气大部分被冷凝下来，起到了干燥煤气的作用。

(3) 管式电捕焦油器（$\eta=99\%$）

管式电捕焦油器（图1-24）内部为直立式管束状结构，每个圆管中央悬挂一根放电级，管壁作为沉降极，在每个放电极和接地的沉降极之间，建立一个高压强电场。

当煤气通过强电场时，由于电离使煤气中大部分粉尘和焦油雾滴带上负电，往圆管壁

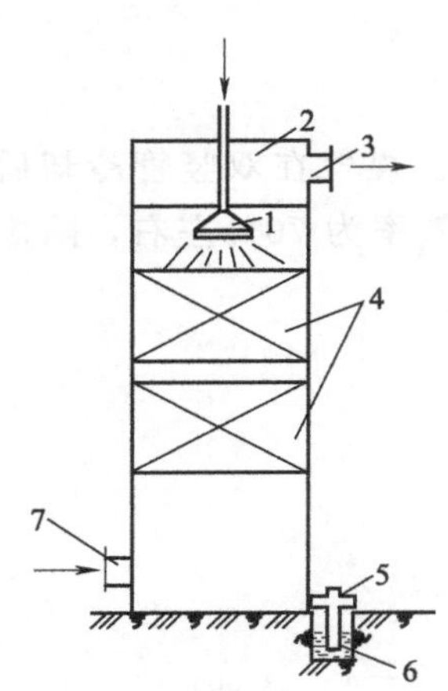

图 1-23　洗涤塔

1—喷头；2—干燥段；3—出口；
4—填料层；5—排水管；
6—水封槽；7—进口

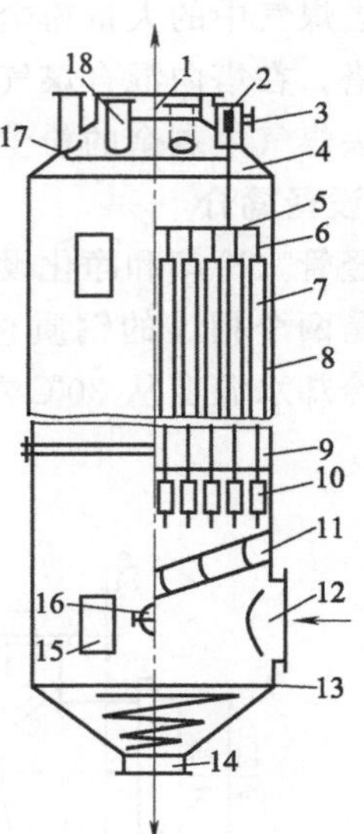

图 1-24　管式电捕焦油器

1—煤气出口；2—绝缘子箱；
3—电缆；4—吊杆；5—上框
架；6—电晕极；7—沉淀极；
8—外壳；9—下框架；
10—重锤；11—分气板；
12—煤气进口；13—加热管；
14—焦油出口；15—人孔；
16,18—防爆阀；17—清洗管

（相当于正级）移动，碰撞后放电而黏附在上面，逐渐积聚沉淀而向下移动。煤气经两极放电后由电捕焦油器导出。

3. 工艺参数及控制

(1) 混合煤气发生炉的工艺参数及控制

① 气化温度和气化剂饱和温度　气化温度一般指煤气发生炉内氧化层的温度。

煤气发生炉的温度一般控制在1000～1200℃。生产城市煤气时，气化层的温度在950～1050℃最佳；生产合成原料气时，可以提高到1150℃左右。

调节气化温度的常用方法是通过调节气化剂的饱和温度来实现的。当炉温偏高时，提高气化剂的饱和温度，增加水蒸气的含量，空气中的O_2不足，放热较少，气化温度下降；相反，当炉温偏低时，适当降低气化剂的入炉饱和温度，水蒸气的含量减少，氧气充足，放热较多，气化温度上升。

一般气化剂的饱和温度控制在50～65℃之间。

② 料层高度　气化炉内，灰层、氧化层、还原层、干馏层和干燥层的总高度即为料层高度。

入炉煤的粒度大，水分含量高，要求气化强度适中时，料层高度可以适当高一些；反之，则低一些。

对于烟煤或褐煤等挥发分含量高的煤种，干馏层的高度就变得甚为重要。因为煤中的挥发分大部分是在干馏层中逸出并产生干馏煤气。干馏层太低，煤中部分挥发分来不及逸出而被带到还原层，这会影响还原反应的正常进行。

煤中的水分在进入干馏层之前必须除去，否则会影响干馏的正常进行。一般气化水分含量大的煤，干燥层高度宜高一点；水分含量少的年老烟煤气化时，可适当降低干燥层高度。

③ 气化剂消耗量　水蒸气的消耗量是气化过程非常重要的一个指标。在气化炉的生产操作过程中，为了防止炉内结渣，一般是通过控制加入的水蒸气量来实现的；但过分增加水蒸气用量，煤气的质量有所下降。

由于不同煤种的组成不同，活性差别较大。在气化时，所需的水蒸气的用量也不同。

水蒸气的分解率除了和气化温度有关外，还与其消耗量有关。随着水蒸气消耗量的增加，水蒸气的绝对分解量是增加的。水蒸气分解率的显著降低，将会使后续冷却工段的负荷增加，而且对水蒸气来讲也是一种浪费。

煤气组成受气化剂消耗量的影响也非常大。随着水蒸气消耗量的增大，气化炉内 $CO+H_2O \rightleftharpoons CO_2+H_2$ 的反应增强，使得煤气中的 CO 含量减少，H_2 和 CO_2 的含量增加。

④ 灰渣含碳量　在气化过程中，会有一部分可燃物被煤气带出炉外或随炉渣排出炉外。

在各类煤种中，一般热稳定性差的褐煤和无烟煤，带出损失较大；燃料颗粒越细或细碎的部分越多，气流的速度越大，则灰渣含碳量越大。

(2) 水煤气发生炉的工艺参数及控制

间歇式水煤气的生产和混合煤气的生产不同。以水蒸气为气化剂时，在气化区进行炭和水蒸气的反应，不再区分氧化层和还原层。

由于氧化反应和还原反应分开进行，因此燃料层温度将随空气的加入而逐渐升高，随水蒸气的加入又逐渐下降，呈周期性变化，生成煤气的组成也呈周期性变化，此即间歇式制水煤气的特点。

① 吹风（空气）过程的操作条件　吹风过程的目的是燃烧部分燃料给制气过程提供足够的热量。

吹风过程的热效率：

$$\eta_1=\frac{Q_A}{H_C m_A}\times 100\%$$

式中　Q_A——料层蓄积的热量，kJ；

H_C——原料的热值，kJ/kg；

m_A——吹风过程中的原料消耗量，kg。

随着吹风气中 CO_2 含量的下降，燃料层温度的上升，吹风效率下降。

② 制气阶段的效率

$$\eta_2=\frac{Q}{H_C m_C+Q_A}\times 100\%$$

式中　Q——生成煤气中的可燃气体（H_2+CO），kJ；

m_C——吹水蒸气过程中所消耗的煤的质量，kg。

燃料层温度对吹风和制气两个过程的影响是不同的，因此，燃料层的温度一般控制在1000～1200℃，太高或太低都不合适。

两个过程的总效率为所得水煤气的热值与两个过程所消耗燃料的总热量之比，即：

$$\eta=\frac{Q}{H_C m_A+H_C m_C}\times 100\%$$

制气总效率在 800～850℃时最高，但气化强度太低，综合考虑各种因素，一般在 1000～1200℃比较适宜。实际生产中，以提高制气效率为主，兼顾总效率。

③ 气流速度　吹空气过程的气流速度应尽量大，这样有利于炭的完全燃烧，可以缩短吹风时间。其好处一方面可以相应增加制气阶段的时间，另一方面也减少了生成的 CO_2 与灼热炭层的接触时间，从而减少了 CO 的生成量。

④ 水蒸气用量　水蒸气用量取决于水蒸气流速和延续时间。

⑤ 料层高度　料层高度对制气和吹风过程的影响相反。制气阶段，料层高，水蒸气在炉内的停留时间长，炉温稳定，有利于气化反应的进行，水蒸气分解率提高。

⑥ 循环时间　循环时间是指每一工作循环所需的时间。通常情况下，循环时间一般不做随意调整。

间歇制气的一个工作循环时间一般为 2.5～3.0min。

4. 典型常压发生炉

国内使用的移动床煤气发生炉有多种形式和规格，普遍使用的是 3M-13 型、3M-21 型、W-G 型、U·G·I 型及两段式气化炉。

这些气化炉的共同特点是都有加煤装置、炉体、除灰装置和水夹套等。

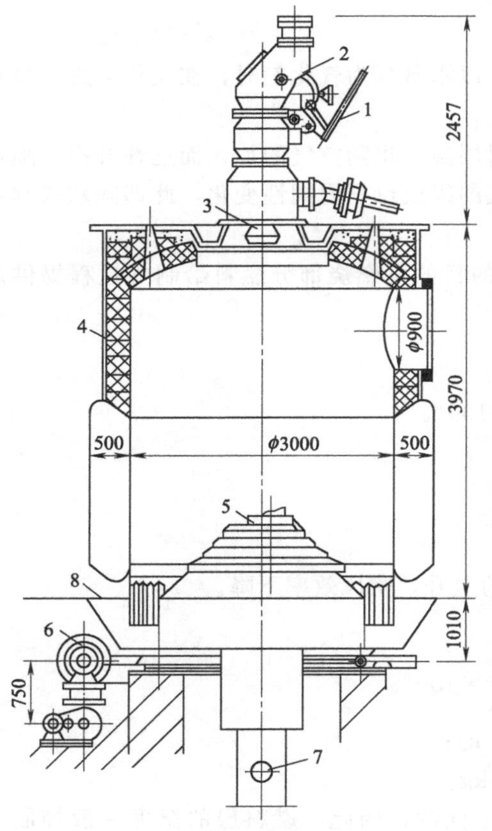

图 1-25　3M-21 型气化炉

1—传动装置；2—双钟罩加煤机；3—布料器；4—炉体；5—炉箅；6—炉盘传动；7—气化剂进口；8—水封盘

(1) 3M-21 型移动床混合煤气发生炉

3M-21 型煤气发生炉（图 1-25）不带搅拌破黏装置，适宜于气化贫煤、无烟煤和焦炭等不黏结性燃料，气化剂用空气和水蒸气，湿式排渣，多用于冶金、玻璃等行业作为燃料气的生产装置。

3M-21 型气化炉的主体结构由四部分组成，即炉上部的加煤机构、中部的炉身、下部的除灰机构和气化剂的入炉装置。

① 上部加煤机构　加煤机构的作用是将料仓中一定粒度的煤经相应部件传送，能基本保持煤的粒度不变，安全定量地送入气化炉内。

3M-21 型的加煤机构主要是由一个滚筒、两个钟罩和传动装置组成。

② 中部炉身　中部炉身是煤气化的主要场所，上设探火孔、水夹套、耐火衬里等主要部分。

加设水夹套的作用：

ⅰ. 回收热量，产生一定压力的水蒸气供气化或探火孔汽封使用；

ⅱ. 可以防止气化炉局部过热而损坏。

③ 下部除灰结构

除灰结构（图 1-26）的主要部件有炉箅、灰盘、灰刀和风箱等。

炉箅（图 1-27）的主要作用是支撑炉内总料

层的重量，使气化剂在炉内均匀分布，与碎渣圈一起对灰渣进行破碎、移动和下落。

安装时炉箅整体的中心线和炉体的中心线偏移150mm左右的距离，可以避免灰渣卡死。

灰盘是敞口的盘状物，起储灰、出灰和水封的作用。

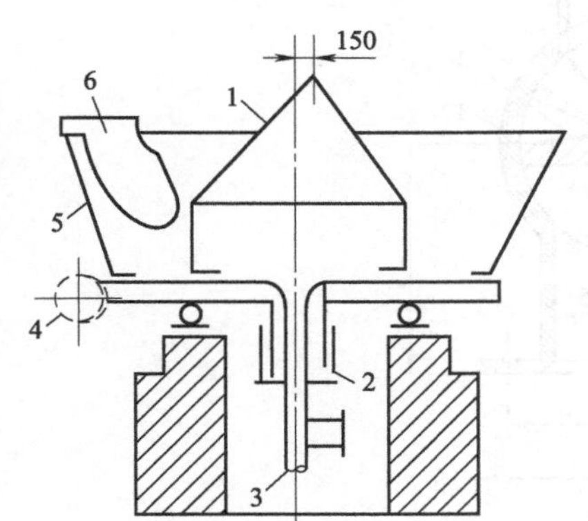

图1-26　除灰机构示意

1—炉箅；2—水封；3—风箱；4—蜗杆；5—灰盘；6—排灰刀

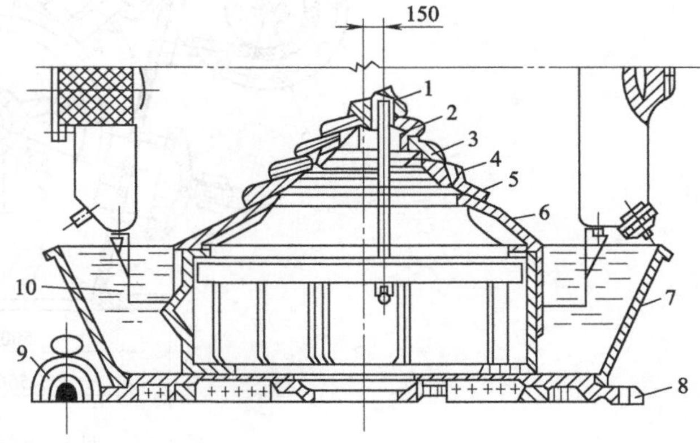

图1-27　炉箅结构示意

1—一层炉箅；2—二层炉箅；3—三层炉箅；4—四层炉箅；5—五层炉箅；6—炉箅座；7—灰盘；8—大齿轮；9—蜗杆；10—裙板

(2) 3M-13型移动床混合煤气发生炉

3M-13型气化炉装有破黏装置，既能气化弱黏结性的煤（如长焰煤、气煤等），又能气化无烟煤、焦炭等不黏结性燃料，生产的煤气可以用来作为燃料气。

3M-13型气化炉和3M-21型气化炉的结构及操作指标基本相同，不同的是加煤机构和搅拌破黏装置。

① 加煤机构　该种加煤机构的主要部件有煤斗闸门、计量给煤器、计量锁气器等。

煤斗闸门是一个闸板阀，其作用是对从煤斗进入计量给煤器的煤量大小进行初步调节。

计量给煤器（图1-29）的煤量调节，是通过计量给煤器上部的调节板与外壳的间隙大小进行的。

计量锁气器的作用主要是隔断炉膛和计量给煤器，在加煤时煤气也不会进入计量给煤器。

② 搅拌破黏装置　搅拌破黏装置（图1-30）的作用是破坏煤的黏结性，将炉内的煤层扒平。

搅拌破黏装置所处的环境温度高，为避免烧坏，水平杆、垂直杆等部位做成空心结构，内通冷却水以降低温度。

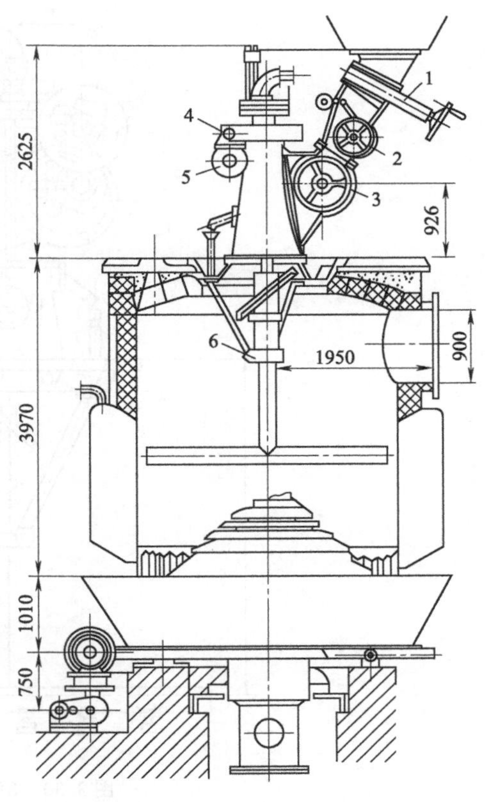

图1-28　3M-13型煤气发生炉

1—插板阀；2—计量给煤器；3—整流器；4—蜗轮减速机；5—齿轮减速机；6—搅拌机构

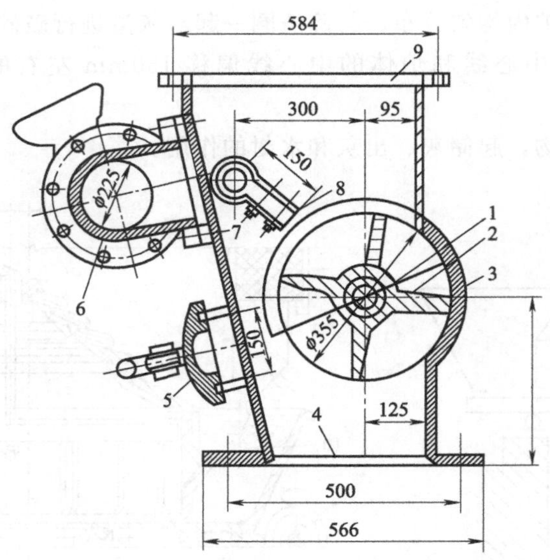

图 1-29　计量给煤器

1—叶轮轴；2—叶轮；3—壳体；4—煤出口；5—小门；6—吹洗管；7—调节轴；8—调节板；9—煤进口

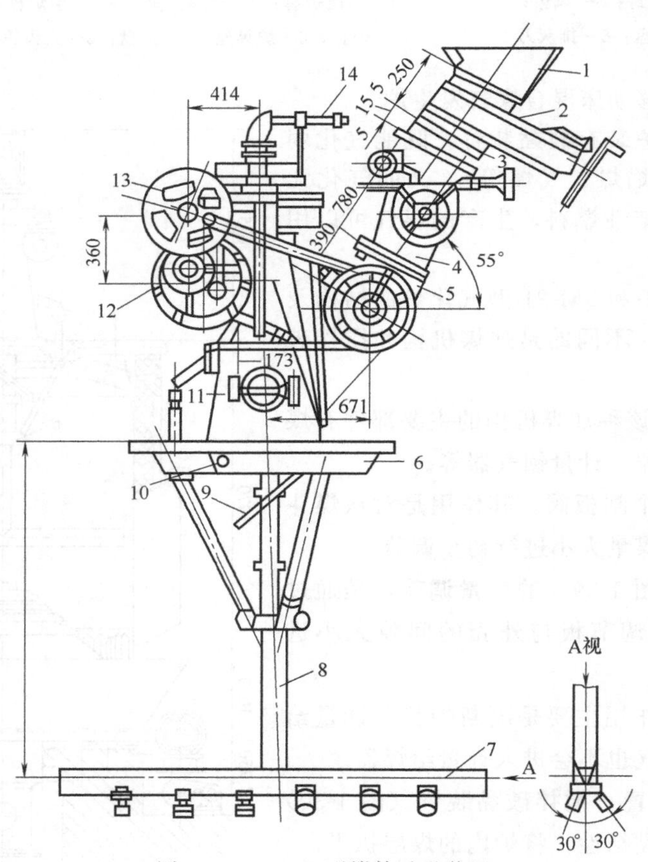

图 1-30　3M-13 型搅拌破黏装置

1—煤斗；2—煤斗闸门；3—伸缩节；4—计量给煤器；5—计量锁气器；6—托板和三脚架；7—搅拌耙齿；8—搅杆；9—拨煤板；10—冷却水出口；11—空心柱；12—圆柱形减速机；13—蜗杆减速机；14—冷却水进口

3M-13 型和 3M-21 型气化炉整体密封采用的是炉底水封。因而气化剂的鼓风压力的大小受到水封高度的限制，一般为 4～6kPa，而鼓风压力又影响气化炉的气化强度，进而影响气化炉的煤气产量。

(3) U·G·I 型水煤气发生炉

水煤气发生炉和混合煤气发生炉的构造基本相同，一般用于制造水煤气或作为合成氨原料气的加氮半水煤气，代表性的炉型是 U·G·I 型水煤气炉（图 1-31）。

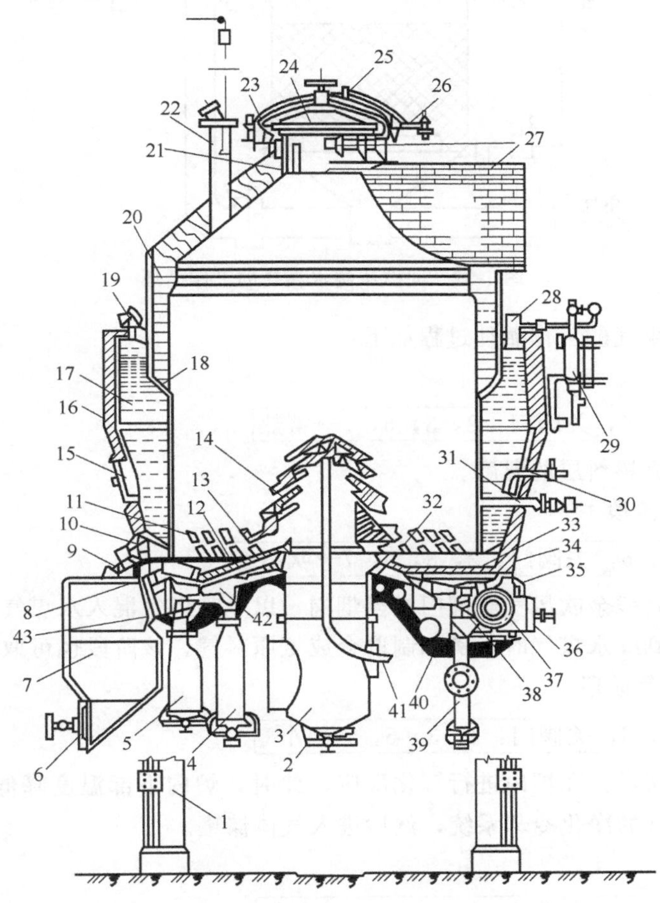

图 1-31　U·G·I 型水煤气发生炉

1—支柱；2—炉底三通圆门；3—炉底三通；4—长灰瓶；5—短灰瓶；6—灰斗圆门；7—灰槽；8—灰犁；9—圆门；10—夹层锅炉放水管；11—破碎板；12—小推灰器；13—大推灰器；14—宝塔型炉条；15—夹层锅炉入口；16—保温层；17—夹层锅炉；18—R 型连接板；19—夹层锅炉安全阀；20—耐火砖；21—炉口保护圈；22—探火装置；23—炉口座；24—炉盖；25—炉盖安全连锁装置；26—炉盖轨道；27—气出口；28—夹层锅炉出气管；29—夹层锅炉液位计警报器；30—夹层锅炉进水管；31—试火管及试火考克；32—内灰盘；33—外灰盘；34—角钢挡灰圈；35—蜗杆箱大方门；36—蜗杆箱小方门；37—蜗杆；38—蜗轮；39—蜗杆箱灰瓶；40—炉底壳；41—热电偶接管；42—内刮灰板；43—外刮灰板

制造水煤气的关键是水蒸气的分解，由于水蒸气的分解是吸热反应，一般采用的方法是燃烧部分燃料来提供热量。

间歇法制造水煤气主要是由吹空气（蓄热）、吹水蒸气（制气）两个过程组成的。间歇法制水煤气的工作循环见图 1-32。

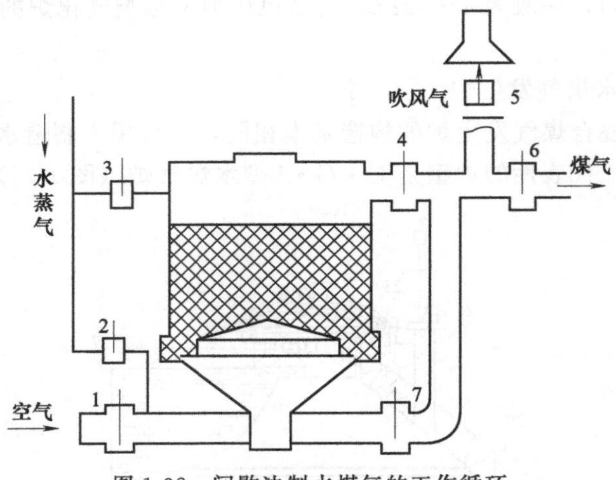

图 1-32　间歇法制水煤气的工作循环

间歇法制造水煤气的工作循环过程如下：

① 吹风阶段

开阀门：1，4，5，关阀门：2，3，6，7→蓄热

吹入空气，提高燃料层的温度。

② 水蒸气吹尽阶段

开阀门：1，4，5，关阀门：2，3，6，7→吹尽空气

吹入水蒸气，将残余吹风气经阀门排至烟囱，以免吹风气混入水煤气系统，此阶段时间很短。如不需要得到纯水煤气时，例如制取合成氨原料气，该阶段也可取消。

③ 一次上吹制气阶段

开阀门：2，4，6，关阀门：1，3，5，7→制气

水蒸气由炉底吹进，在炉内进行气化反应，此时，炉内下部温度降低而上部温度较高，所得煤气进入水煤气的净化冷却系统，然后进入气体储罐。

④ 下吹制气

开阀门：3，7，6，关阀门：1，2，4，5→制气

水蒸气由炉上部吹进，由上而下经过煤层进行制气。该阶段使燃料层温度趋于平衡。

⑤ 二次上吹制气

开阀门：2，4，6，关阀门：1，3，5，7→用水蒸气吹尽炉底部煤气

气流路线与第三阶段相同，主要作用是将炉底部的煤气吹尽，为吹入空气做准备。

⑥ 空气吹尽阶段

开阀门：1，4，6，关阀门：2，3，5，7→用空气吹尽残存煤气

通入空气将残存在炉内和管道中的水煤气吹入煤气净化系统。

一般来说，气化活性差的原料需较长的循环时间；相反，气化活性高的原料，时间可适当缩短。因为活性好的原料气化时，反应速率快，料层温度降低得快，适当缩短时间是有利的。

吹空气过程属于非生产过程，其作用是为了提高料层温度或对料层进行吹扫。因此，生产上尽量提高空气的鼓风速度，通常采用的鼓风速度是0.5～1.0m/s。

水蒸气的鼓入速度慢，在炉内的停留时间长，有利于气化反应，太慢则会降低设备的生产能力，水蒸气的吹入速度一般在0.05～0.15m/s。

间歇法制造半水煤气时，在维持气化炉温度、料层高度和气体成分的前提下，采用高炉温、高风速、高料层和短循环（三高一短）的操作方法，有利于气化效率和气化强度的提高。

① 高炉温　在燃料灰熔点允许的情况下，提高炉温，炭层中积蓄的热量多，料层温度高，对水蒸气的分解反应有利，可以提高水蒸气的分解率。

② 高风速　在保证料层不被吹翻的前提下，提高气化炉的吹风速度，炭与O_2的反应速率加快，吹风时间缩短；同时，高风速还使CO_2在炉内的停留时间缩短，CO_2还原为CO的量相应减少，提高了吹风效率。但风速也不能太高，否则，燃料随煤气的带出损失增加，严重时有可能在料层中出现风洞。

③ 高料层　在稳定料层高度的前提下，适当增加料层高度，有利于气化炉内燃料各层高度的相对稳定，燃料层储存的热量多，炉面和炉底的温度不能太高，相应出炉煤气的显热损失减小。采用高料层也是采用高风速的有利条件。

高料层有利于维持较高的气化层，增加水蒸气和料层的接触时间，提高气体的分解率和出炉煤气的产量和质量。但料层太高，会增加气化炉的阻力，气化剂通过料层的能量损耗增大，相应的动力消耗增加，因而要综合考虑高料层带来的利弊。

④ 短循环　燃料活性好，循环时间短；燃料活性差，循环时间长。

(4) W-G型煤气发生炉

3M-21型、3M-13型、U·G·I型煤气发生炉均为半水夹套气化炉，W-G型煤气发生炉属于全水夹套炉型，炉顶盖为温水冷却，炉内不用耐火砖，构成一个自产自用水蒸气的系统。

W-G型煤气发生炉（图1-33）采用输料管加煤或焦，输料管和炉膛内部处于满料状态，不存在一般气化炉的炉膛空间。

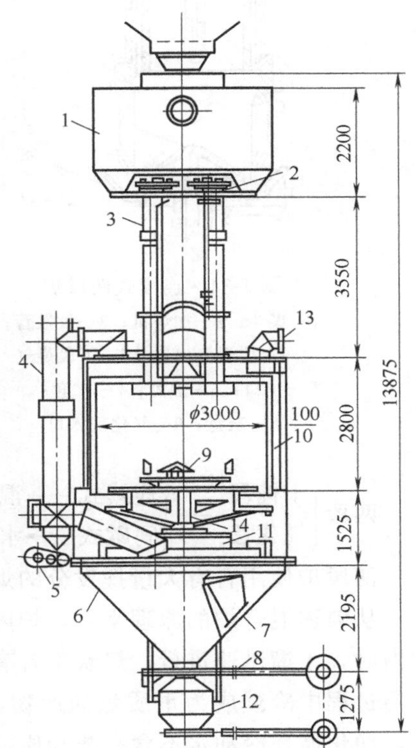

图1-33　W-G型煤气发生炉

1—中料仓；2—圆盘加料阀；3—料管；4—气化剂管；5—传动机构；6—灰斗；7—刮灰机；8—插板阀；9—炉箅；10—水套；11—支撑板；12—下灰斗；13—风管；14—中央支柱

炉下部设有两个串联的灰斗，两个灰斗之间的阀门在排渣时起密封作用，当下阀门打开排渣时，关闭上阀门，隔断炉膛和外界的通道，避免煤气外泄。

W-G型煤气发生炉的特点是水夹套非满水设计，气化用的空气首先鼓入水夹套中的水面上层空间，与夹套产生的水蒸气混合增湿，饱和后的空气经过气化剂管再导入气化炉的炉底进入炉内。它采用了类似于3M-21型的钟罩式加煤机构的出灰机构，比炉底采用水封的方法密封性能强，可以大大提高气化炉的鼓风能力，从而提高气化强度。

W-G 型气化炉比一般的发生炉高，直径为 3m 的炉子其炉内料层高 2.7m 左右，而 3M-21 型发生炉却只有 1.1m 左右。W-G 型炉用钢板焊接的灰盘破黏能力较差。

(5) 两段式煤气发生炉

连续式两段炉见图 1-34。水煤气型两段炉见图 1-35。

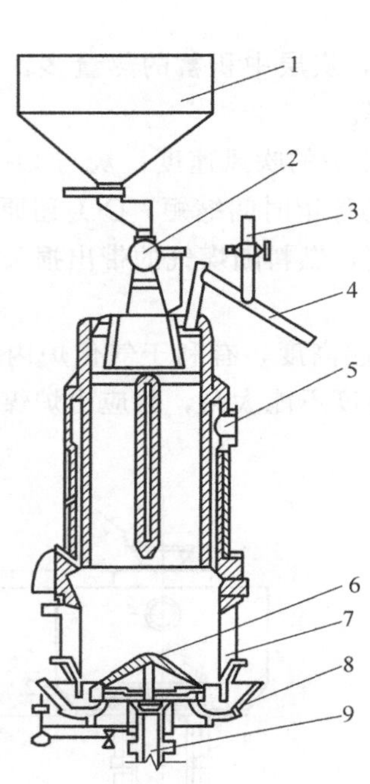

图 1-34 连续式两段炉

1—煤斗；2—加煤机；3—放散管；4—上段煤气出口；5—下段煤气出口；6—炉箅；7—水套；8—灰盘；9—气化剂入口

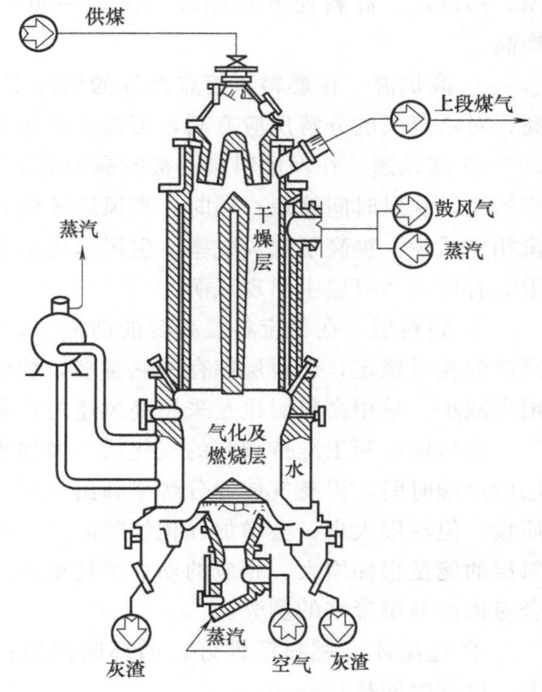

图 1-35 水煤气型两段炉

两段{干馏段、气化段}→{连续式⟶混合煤气；间歇式⟶水煤气}

两段炉使用含有大量挥发分的烟煤和褐煤来制取煤气。

从前述混合炉的原理来看，炉内存在煤的干馏层和气化层，干馏层一般较薄，当煤加入炉内时，干馏迅速进行，煤炭中含有的重质烃没有经过高温裂解即随生成气出炉，在后面的降温过程中冷凝成为重质焦油产物，这种焦油既难脱水分离，质量又差，使用很困难。同时，净化循环冷却水不含有酚物质，水质极易恶化，污染环境。

两段式煤气发生炉在同一时间内，干馏和气化是分开进行的，在炉体内将干馏和气化分段进行。干馏段较高，煤的加热速度也较慢，干馏温度也较低，一般为 500～600℃，属于低温热分解，析出的是分子量较低的轻质烃类蒸气，冷凝后成为轻质焦油；低温热分解以后的固体产物主要是含有重质烃的煤半焦。半焦进入气化区，在 900～1200℃的高温下经过相对较长时间的裂解，基本上避免了重质焦油的生成。气化时容易出现的酚蒸气，也因高温深度分解，使得废水中的酚含量有所下降。

移动式两段煤气发生炉有两种类型：一种是连续生产的，类似于一般发生炉；一种是换向间歇生产的，类似于水煤气发生炉。

连续生产的两段炉采用空气和水蒸气的混合物，故气化区不如单独使用空气时的温度高，但由于连续生产，温度波动不大。这种炉的缺点是空气中的 N_2 全部混入煤气中，因而煤气的热值大幅度降低。间歇换向两段炉的气化剂也是空气和水蒸气，不同的是两者是分开使用的。加热升温时用空气，气化时用水蒸气，在两个阶段内低温干馏连续进行。

间歇式两段炉可以气化的煤种有不黏结或弱黏结性的烟煤、热稳定性好的褐煤。块度为 20～40mm 或 30～60mm 的煤，灰分含量最高允许在 40%～50%之间，水分含量最高允许在 5%～30%之间。

间歇式两段煤气炉的生成气有效成分较多，既可作原料气，又可以作燃料气，还可以作为中小城市的城市煤气。

（三）加压移动床气化工艺

1. 加压气化生产的特点

加压气化的典型炉型是鲁奇气化炉，鲁奇加压可以采用氧气-水蒸气（或空气-水蒸气）作气化剂，在 2.0～3.0MPa 的压力和 900～1100℃的条件下进行煤的气化，制得的煤气热值高。

(1) 鲁奇加压气化炉主要优点

① 原料选择　加压气化所用的煤种范围广，包括弱黏结性和稍强黏结性的煤、灰熔点较低的煤、粒度为 2～20mm 的煤、水分含量为 20%～30%的煤、灰分含量为 30%的煤等。

② 生产过程控制　鲁奇加压气化炉比一般的常压气化炉的气化强度高 4～6 倍，所产煤气的压力高，可以缩小设备和管道尺寸。

③ 气化产物　压力高的煤气易于净化处理，副产品的回收率高；通过改变气化压力和气化剂的汽氧比等条件，几乎可以制得各种比例（H_2/CO）的化工合成原料气。

④ 煤气输送　鲁奇加压气化炉可以降低动力消耗，便于远距离输送。

(2) 加压气化工艺的主要缺点

① 高压设备的操作具有一定的复杂性　固态排渣的鲁奇炉中水蒸气的分解率低，需要消耗大量的水蒸气；液态排渣的鲁奇炉中水蒸气的分解率可以提高到 95%左右。

② 气化过程中有大量 CH_4 生成（8%～10%）　含有大量 CH_4 的煤气如果用于燃料气是有利的，但如果作为合成氨的原料气，一般要分离 CH_4，其工艺较为复杂。

③ 加压气化一般选纯氧和水蒸气作为气化剂　解决纯氧的来源需要配备庞大的空分装置，加上其他高压设备的巨大投资规模，成为我国一些厂家采用加压气化的障碍。

2. 加压气化工艺流程

煤气的用途不同，其工艺流程差别很大，但基本上包括三个主要的部分：

① 煤的气化　粗煤气是气化炉出来的煤气。

② 粗煤气的净化　净煤气是净化后的煤气。

③ 煤气组成的调整。

煤气净化的目的：

① 清除有害杂质；

② 回收其中有价值的副产品；

③ 回收粗煤气中的显热。

粗煤气中的杂质：固体粉尘、水蒸气、重质油组分、轻质油组分、各种含氧有机化合物、含氮化合物、含硫化合物、CO_2等。

(1) 有废热回收系统的工艺流程

采用大型加压气化炉生产时，煤气带出的显热较大，煤气显热的回收对能量的综合利用有极其重要的意义。

原料煤经过破碎筛选后，粒度为 4～50mm 的煤加入上部的储煤斗，然后定期加入煤箱，煤箱中的煤不断加入炉内进行气化。从气化炉上侧引出的粗煤气，温度高达 400～600℃，经喷冷器喷淋冷却，除去煤气中的部分焦油和煤尘，温度降至 200～210℃，煤气被水饱和，湿含量增加，露点提高。

粗煤气的余热通过废热锅炉回收废热后，温度降到 180℃左右。温度降得太低，会出现焦油凝析，黏附在管壁上影响传热，并给清扫工作增加难度，废热锅炉生产的低压蒸汽，并入厂内的低压蒸汽总管，用来给一些设备加热和保温。由锅炉顶部出来的粗煤气送下一工序继续处理。

(2) 整体煤气化联合循环发电工艺流程 (IGCC)

IGCC 发电系统（图 1-36)，是将煤气化技术和高效的联合循环发电相结合的先进动力系统。该系统包括两大部分：

① 第一部分（煤气化与煤气的净化） 主要设备为气化炉、空分装置、煤气净化设备(包括硫的回收装置)。

② 第二部分（燃气与蒸汽联合循环发电） 主要设备为燃气轮机发电系统、蒸汽轮机发电系统、废热回收锅炉。

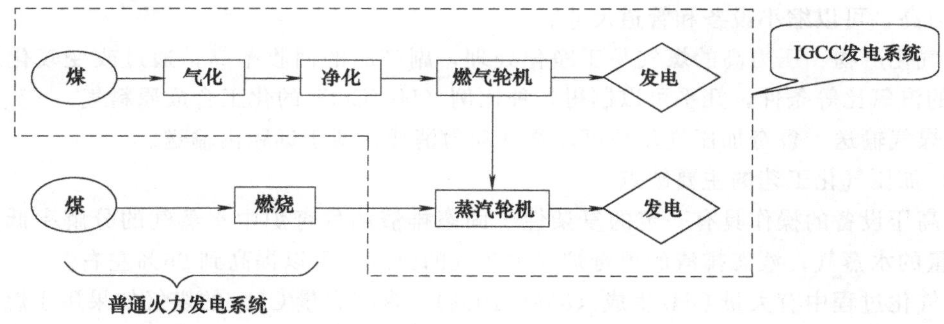

图 1-36 IGCC 发电系统

煤在压力下气化，所生产的清洁煤气经过燃烧来驱动燃气轮机，又产生蒸汽，来驱动蒸汽轮机联合发电。

普通火力发电厂常用锅炉-蒸汽轮机-发电机系统，其效率在 34%左右，污染严重，燃烧后的烟气脱硫系统装置庞大，运行费用高。

IGCC 技术既有高发电效率，又有极好的环保性能，是一种有发展前景的洁净煤利用技术。在目前的技术水平下，发电效率最高可达 45%左右，污染物的排放量仅为常规电站的 1/10 左右，SO_2的排放量为 $25mg/m^3$ 左右，氮氧化物的排放量只有常规电站的 15%～20%，而水的耗量只有常规电站的 1/3～1/2。

3. 典型加压气化炉

(1) 干法排渣鲁奇炉

鲁奇加压气化炉实景图见图 1-37。

鲁奇加压气化炉的结构（图 1-38）和常压移动床的结构类似。从上到下分为干燥层、干馏层、甲烷层、第二反应层、第一反应层、灰渣层。

原料的准备阶段：干燥层、干馏层。

气化阶段：甲烷层、第二反应层、第一反应层。

灰层：第一反应层下来的灰渣温度为 1500℃左右，进入灰层区被气化剂冷却，其温度比气化剂温度高 30～50℃。

第一反应层：（燃烧区）气体温度被加热到 1500℃。

主要反应：

$$C+O_2 = CO_2 \qquad \Delta H=-394.1kJ/mol$$

$$C+1/2O_2 = CO \qquad \Delta H=-110.4kJ/mol$$

第二反应层：（气化区）温度约为 850℃。

主要反应：

$$C+H_2O \rightleftharpoons CO+H_2 \qquad \Delta H=135.0kJ/mol$$

干馏层：煤的灰发分逸出并吸收上升煤气热量。

干燥层：煤被干燥并预热到大约 200℃。

以第三代加压气化炉为例，其主要部分分述如下：内径为 3.8m（最大外径 4.1m），高 12.5m，压力为 3MPa。

图 1-37　鲁奇加压气化炉实景图

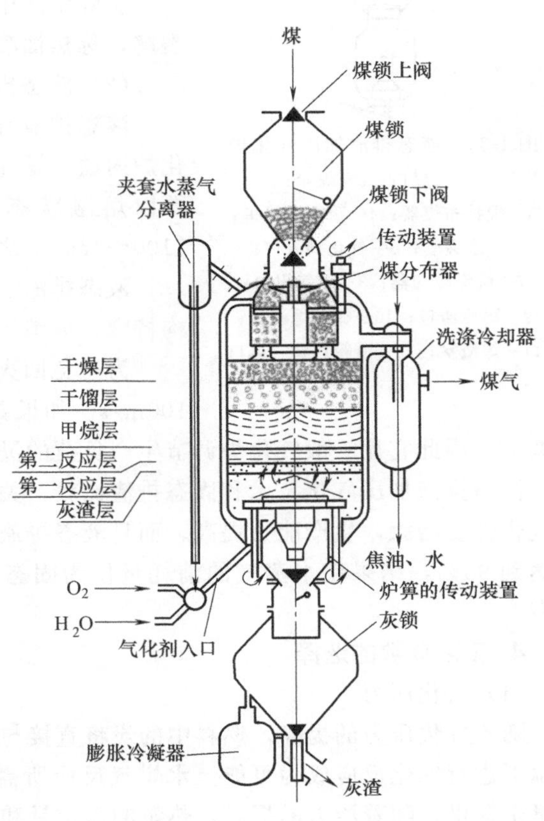

图 1-38　鲁奇加压气化炉结构

① 炉体　由双层钢板制成，外壁压力按 3.6MPa 设计，内壁仅能承受比气化炉内高 0.25MPa 的压力。两个筒体之间（水夹套）装软化水，借以吸收炉膛所散失的一些热量产生工艺蒸气，水蒸气经液滴分离器分离液滴后送入气化剂系统，配成水蒸气-氧气混合物喷入气化炉内。水夹套内软化水的压力为 3MPa，这样筒内外两侧的压力相同，因而受力小。

② 布煤器和搅拌器　如果气化黏结性较强的煤，可以加设搅拌器，布煤器和搅拌器安装在同一转轴上，转速为 15r/h 左右。搅拌器是一个壳体结构，由锥体和双桨叶组成，壳体内通软化水循环冷却。搅拌器深入到煤层里的位置与煤的结焦性有关，煤一般在 400～500℃结焦，桨叶要深入煤层约 1.3m。

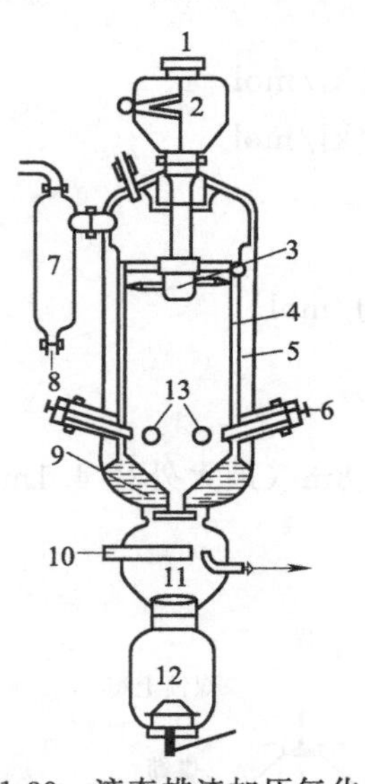

图 1-39　液态排渣加压气化炉

1—加煤口；2—煤箱；
3—搅拌布煤器；4—耐火砖衬里；
5—水夹套；6—气化剂入口；
7—洗涤冷却器；8—煤气出口；
9—耐压渣口；10—循环熄渣水；
11—熄渣室；12—渣箱；13—风口

③ 炉箅　炉箅分四层，其上安装刮刀，刮刀的数量取决于下灰量，灰分含量低，装 1～2 把，对于灰分含量较高的煤，可装 3～4 把，材质选用耐热的铬钢。炉箅的转动采用液压传动装置，也有用电动机传动机构来驱动。

④ 煤锁　煤锁是一个容积为 $12m^3$ 的压力容器，它通过上下阀定期定量地将煤加入到气化炉内，每小时加煤 3～5 次。煤锁用煤气充压到和炉内压力相同。

⑤ 灰锁　灰锁是一个可以装灰 $6m^3$ 的压力容器，和煤锁一样，采用液压操作系统，以驱动底部和顶部锥形阀和充、卸压阀。用过热水蒸气对灰锁充压。

实际生产中，通常将含尘焦油返回到气化炉内进一步裂解，称焦油喷射，正常操作时的喷射量一般为 $0.5m^3/h$。

（2）液态排渣加压气化炉

液态排渣加压气化炉（图 1-39）的基本原理：仅向气化炉内通入适量的水蒸气，控制炉温在灰熔点以上，灰渣要以熔融状态从炉底排出。气化层的温度一般控制在 1100～1500℃之间。

液态排渣加压气化炉的主要特点是炉子下部的排灰机构特殊，取消了固态排渣炉的转动炉箅。

为避免回火，气化剂喷嘴口的气流喷入速度应不低于 100m/s。如果要降低生产负荷，可以关闭一定数量的喷嘴来调节，因此它比一般气化炉调节生产负荷的灵活性大。

液态排渣加压气化技术和固态排渣比较，关键在于通过提高气化温度来提高气化速率，使气化强度增大，生产能力提高，而且液态排渣加压气化的水蒸气分解率大大提高，几乎可以达到 95％，结果使水蒸气的消耗量仅为固态排渣时的 20％左右，汽氧比也仅为 1.3：1 左右。

4. 工艺参数的选择

（1）气化压力

随着气化压力的提高，燃料中的炭将直接与氢反应生成 CH_4，此时，在 900～1000℃的低温下进行气化反应成为可能。水煤气反应所需要的大量热量可以由 CH_4 生成反应放出的热量来提供，随着压力的提高，热量的需求量和 O_2 的需求量大大降低。

① 压力对煤气组成的影响　随着气化压力的提高，煤气中的 CH_4 和 CO_2 含量增加，而

H_2和CO含量减少。

② 压力对O_2消耗量的影响 加压气化过程随压力的增大，CH_4的生成量增大，由这些反应提供给气化过程的热量亦增加，这样由炭燃烧提供的热量相对减少，因而O_2的消耗减少。

③ 压力对水蒸气消耗量的影响 加压气化时水蒸气的消耗量比常压气化时水蒸气的消耗量高2.5～3倍。原因有以下两点：一是由于加压时随CH_4生成量增加，所消耗的H_2量增加，而H_2主要来源于水蒸气的分解，加压气化不利于水蒸气的分解，因而只有通过增加水蒸气的加入量提高水蒸气的绝对分解量，来满足CH_4生成反应对H_2的需求；二是因为在实际生产中，控制炉温是通过控制水蒸气的加入量来实现的，这也增加了水蒸气的消耗量。

④ 压力对气化炉生产能力的影响 加压下气体密度大，气化反应的速率加快，有助于生产能力的提高。

⑤ 压力对煤气产率的影响 随着压力的提高，粗煤气的产率是下降的，净煤气的产率下降得更快。这是由于气化过程的主要反应是气体体积增大的反应，如：

$$C+H_2O \rightleftharpoons CO+H_2$$

$$C+CO_2 \rightleftharpoons 2CO$$

提高气化压力，气化反应将向气体体积减小的方向进行，因此煤气的产率是降低的。加压使CO_2的含量增加，经脱除CO_2后的净煤气的产率下降。

总体来讲，加压对煤的气化是有利的，尤其用来生产燃烧气（如城市煤气），因CH_4含量高；对于加压气化生成合成气来讲，CH_4的生成是不利的。

（2）气化层的温度

CH_4的生成反应是放热反应，因而降低温度有利于CH_4的生成；但温度太低，化学反应的速率减慢。

生产城市煤气时，气化层的温度范围在950～1050℃；生产合成原料气时，可以提高到1150℃左右。

（3）汽氧比的选择

汽氧比是指气化剂中水蒸气和氧气的组成比例。

对于变质程度深的煤种，采用较小的汽氧比，能适当提高气化炉内的温度，以提高生产能力。

加压气化炉在生产城市煤气时，各种煤的汽氧比的大致范围是：褐煤6～8kg/m^3，烟煤5～7kg/m^3，无烟煤和焦炭4.5～6kg/m^3。

5. 物料衡算与热量衡算

为了简化计算过程，常常只对其中比较重要的C、H、O三种元素进行物料衡算，然后根据衡算结果再进行热量衡算。

① C元素衡算 由碳平衡计算粗煤气的产率。

入炉：原料带入的碳。

出炉：煤气、焦油、轻质油、酚、煤气吹出物、灰渣。

② H元素衡算 由氢平衡求水蒸气的分解率。

入炉：水蒸气和原料煤中的氢。

出炉：煤气、焦油、轻质油、酚、氨和煤气中未分解的水蒸气。

③ O元素衡算 由氧平衡求氧的消耗率。

入炉：原料中的化合氧（包括所含水分中的氧）、气化剂带入氧（包括水蒸气中的氧）。

出炉：生成煤气中的氧，焦油、轻质油中微量氧。由氮平衡求工业氧的纯度。

三、流化床气化工艺

在固定床阶段，燃料是以很小的速度下移，与气化剂逆流接触的。当气流速度加快到一定程度时，床层膨胀，颗粒被气流悬浮起来。当床层内的颗粒全部悬浮起来而又不被带出气化炉时，这种气化方法即为流化床（沸腾床）气化工艺。

和固定床相比较，流化床的特点是气化的原料粒度小，相应的传热面积大，传热效率高，气化效率和气化强度明显提高。

在沸腾床气化炉中，采用气化活性高的燃料（如褐煤），粒度在 3～5mm，由于粒度小，沸腾床的传热能力强，因而煤料入炉的瞬间即被加热到炉内温度，几乎同时进行着水分的蒸发、挥发分的分解、焦油的裂化、碳的燃烧与气化过程。

（一）常压流化床气化工艺

1. 温克勒气化炉（低温流化床气化炉）

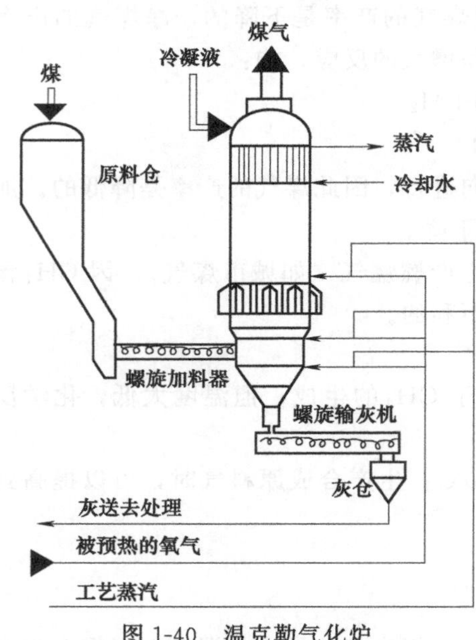

图 1-40 温克勒气化炉

温克勒气化炉（图 1-40）采用粉煤为原料，粒度为 0～10mm，一般沿筒体的圆周设置 2～3 个加料口，互成 180°或 120°的角，有利于煤在整个截面上的均匀分布。

典型的工业规模的温克勒常压气化炉，内径为 5.5m，高 23m，通过控制气化剂的组成和流速来调节流化床的温度不超过灰的软化点。

蒸汽和 O_2（或空气）由炉箅底侧面送入，形成流化床。一般气化剂总量的 60%～75%由下面送入，其余的气化剂由燃料层上面 2.5～4m 处的许多喷嘴喷入，使煤在接近灰熔点的温度下气化，有利于活性低的煤种气化。

较大的富灰颗粒比煤粒的密度大，因而沉到流化床底部，经过螺旋排灰机排出。大约有 30%的灰从底部排出，另外的 70%被气流带出流化床。

气化炉顶部装有辐射锅炉，是沿着内壁设置的一些水冷管，用以回收出炉煤气的显热，同时由于温度降低，部分熔融的灰颗粒在出气化炉前可能重新固化。

2. 温克勒气化工艺流程

温克勒气化工艺流程见图 1-41。

（1）原料的预处理

首先对原料进行破碎和筛分，制成 0～10mm 炉料，控制入炉原料的水分含量为 8%～12%，对黏结性的煤料需经破黏处理。

（2）气化

预处理后的原料送入料斗中，料斗充以 N_2 或 CO_2 等惰性气体，用螺旋给煤机将煤料加入气化炉的底部，煤在炉内的停留时间为 15min 左右，生成的煤气由顶部引出，煤气中含有大量粉尘和水蒸气。

（3）粗煤气的显热回收

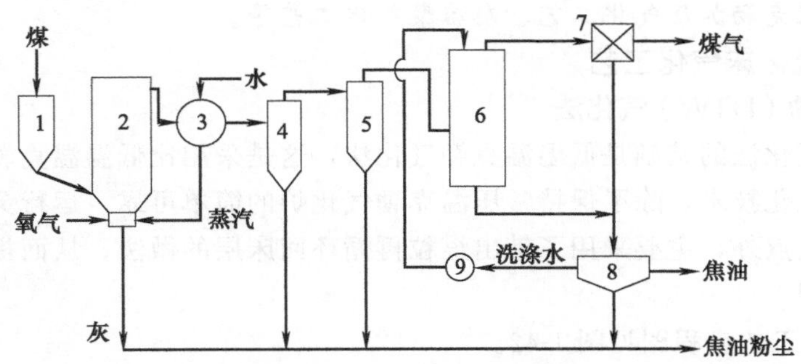

图 1-41　温克勒气化流程示意

1—料斗；2—气化炉；3—废热锅炉；4，5—旋风除尘器；6—洗涤塔；
7—煤气净化装置；8—焦油、水分离器；9—泵

粗煤气的出炉温度一般为 900℃左右，在气化炉上部设有废热锅炉，产生的 H_2O（g）的压力为 1.96～2.16MPa。

(4) 煤气的冷却和除尘

粗煤气经两级旋风除尘器和洗涤塔，除去煤气中的大部分粉尘和水蒸气。经冷却净化，煤气温度降至 35～40℃，含尘量降至 5～20mg/m^3。

3. 工艺条件

(1) 原料

由于流化床气化时床层温度较低，碳的浓度较低，故不太适宜气化低活性、低灰熔点的煤种，褐煤是流化床最好的原料。煤的粒度及其分布对流化床的影响很大，一般要求粒度大于 10mm 的颗粒不得高于 5%，小于 1mm 的颗粒要低于 10%～15%。

(2) 气化炉的操作温度

气化炉的操作温度一般在 900℃左右。

(3) 二次气化剂的用量

使用二次气化剂是为了提高煤的气化效率和煤气质量。被煤气带出的粉煤和未分解的烃类化合物，可以在二次气化剂吹入区的高温环境中进一步反应，从而使煤气中的 CO 含量增加，CH_4 含量减少。

4. 常压流化床气化工艺特点

(1) 常压流化床气化工艺的优点

① 温克勒气化工艺单炉的生产能力较大；

② 可以充分利用机械化采煤得到的细粒度煤；

③ 煤气中几乎不含有焦油，酚、CH_4 含量也很少，排放的洗涤水对环境的污染较小。

(2) 常压流化床气化工艺的缺点（温度和压力偏低造成）

① 必须使用活性高的煤作为气化原料；

② 煤气中 CO_2 含量偏高，而可燃组分如 CO、H_2、CH_4 等含量偏低；

③ 出炉煤气的温度几乎和床内温度一样，热损失大；

④ 流态化使颗粒磨损严重，气流速度高又使出炉煤气的带出物较多。

温馨提示：

问题：如何克服上述缺点？

方案：采用温克勒加压气化工艺、灰熔聚气化工艺等。

（二）加压流化床气化工艺

1. 高温温克勒（HTW）气化法

高温温克勒气化法的基础是低温温克勒气化法，这是采用比低温温克勒气化法较高的压力和温度的一项气化技术，除了保持常压温克勒气化炉的简单可靠、运行灵活、氧耗量低和不产生液态烃等优点外，主要采用了带出煤粒再循环回床层的做法，从而提高了碳利用率。

（1）工艺流程

HTW 的气化工艺流程图见图 1-42。

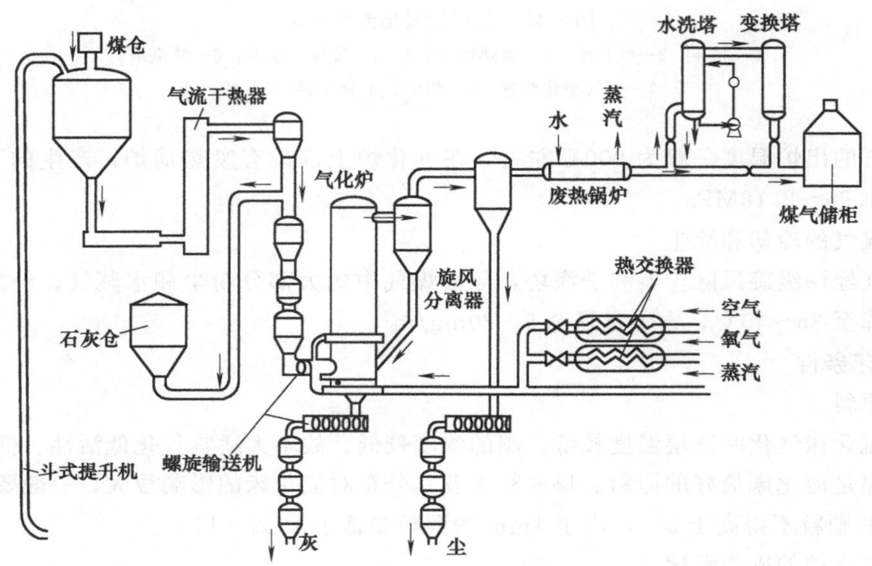

图 1-42　HTW 的气化工艺流程图

高温温克勒气化炉的主要特点是出炉煤气直接进入两级旋风除尘器，一级除尘器分离的含碳量较高的颗粒返回到床内进一步气化；从二级除尘器出来的气体进入废热锅炉回收热量，再经水洗塔冷却除尘。

整个气化系统是在一个密闭的压力系统中进行的，加煤、气化、出灰均在压力下进行。为提高煤的灰熔点，需按一定比例配入添加剂，主要是石灰石、石灰或白云石。

（2）工艺条件和气化指标

① 气化温度在 1000℃。

② 气化压力　加压气化增加了炉内反应气体浓度，使碳转化率提高，原料的带出损失减少，在同样生产能力下，设备体积减小。加压流化床工作状态比常压稳定，加压流化时，对 CH_4 的生成是有利的，相应提高了煤气的热值。

2. 灰熔聚气化法

所谓的灰熔聚是指在一定的工艺条件下，煤被气化后，含碳量很小的灰分颗粒表面软化而未熔融的状态下，团聚成球形颗粒，当颗粒足够大时，即向下沉降并从床层中分离出来。

灰熔聚气化法和传统的固态排渣和液态排渣不同，与固态排渣相比，降低了灰渣中的碳损失；与液态排渣相比，降低了灰渣带走的显热损失，从而提高了气化过程的碳利用率，这种排渣方法是煤气化排渣技术的重大进展。

U-GAS气化工艺是美国煤气工艺研究所开发的灰熔聚气化工艺，U-GAS气化炉要完成的三个过程是：煤的破黏脱挥发分、煤的气化、灰的熔聚和分离。

U-GAS气化炉可以气化36%的烟煤，煤料破碎到0～6mm的范围，和温克勒气化炉相比，气化粒度更细的粉煤是其又一优点，U-GAS气化可以接纳10%小于200目（0.07mm）的煤粉。

煤脱黏时的压力与气化炉的压力相同，温度一般在370～430℃之间，吹入的空气使煤粉颗粒处于流化状态，并使煤部分氧化提供热量，同时进行干燥和浅度炭化，使煤粉颗粒表面形成一层氧化层，达到破黏目的，破黏后的煤粒在气化过程中，可以避免黏结现象发生。

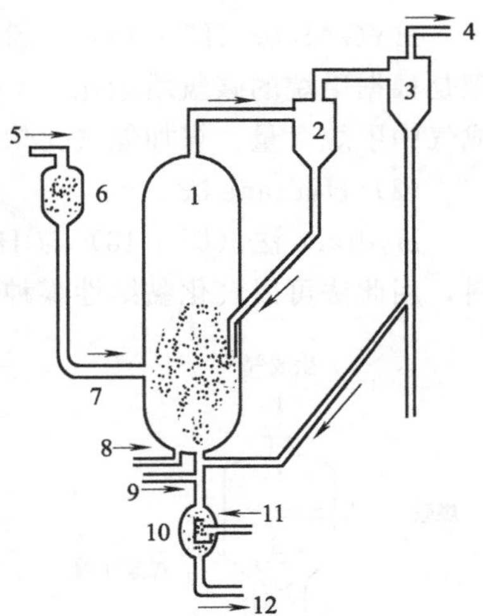

图 1-43 U-GAS气化炉结构

1—气化炉；2—一级旋风除尘器；3—二级旋风除尘器；4—粗煤气出口；5—原料煤入口；6—料斗；7—螺旋给料机；8，9—气化剂入口；10—灰斗；11—水入口；12—灰、水混合物出口

一般地，通过中心文氏管的气化剂的汽氧比要远远低于通过炉箅的气化剂的汽氧比，过量的O_2能够提供足够的热量，形成灰熔聚所需的高温区，即灰熔聚区域。该区域的温度高于周围流化床的温度，一般比灰熔点（T_1）低100～200℃，接近煤的灰熔点。在此温度下，煤气化后形成的含灰分较多的粒子由流化床的上部落下，进入该区域后，互相黏结，逐渐长大、增重，当其重量超过锥顶逆向而来的气流上升力时，即落入排渣管和灰斗中，被水急冷后定时排出，渣粒中的含碳量低于1%。

床层上部较大的空间是气化产生的焦油和轻油进行裂解的主要场所，因而粗煤气中不含这两种物质，这有利于热量的回收和气体的净化。

气化产生的煤气夹带大量的煤粉，含碳量较大，一般采用的方法是用两级旋风除尘器分离，一级分离下来的较大颗粒的煤粉返回气化炉的流化区进一步气化，二级分离的细小粉尘进入灰熔聚区气化。

U-GAS气化工艺的突出优点是碳的转化率高，气化炉的适应性广，一些黏结性不太大或者水分含量较高的煤也可以作为气化原料。

3. 流化床加氢气化法

(1) HYGAS法

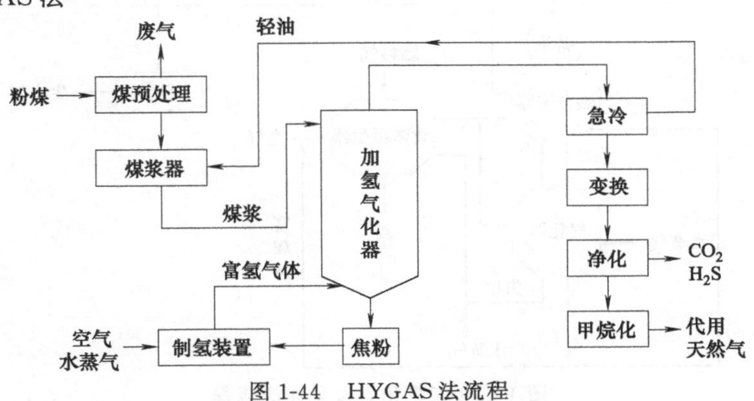

图 1-44 HYGAS法流程

HYGAS法（图1-44）是粉煤在加压下加氢一次制取富甲烷气体燃料的方法。其气化原理是根据甲烷的碳氢质量比（3：1），采取向半焦中的碳在高压下直接加氢的办法，增加生成气中甲烷含量。煤加氢气化炉见图1-45。

（2）Hydrane法

Hydrane法（图1-46）与HYGAS法比较，可以直接加氢生成甲烷含量更高的气体燃料，用此法可以气化黏结性煤种。

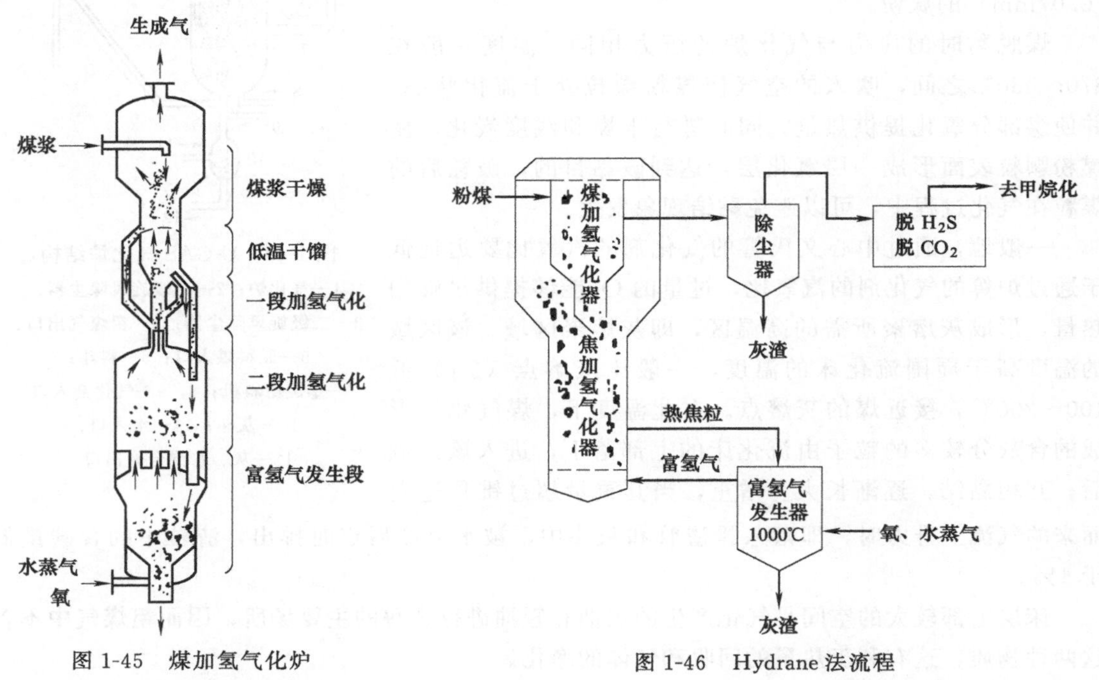

图1-45　煤加氢气化炉

图1-46　Hydrane法流程

4. 固体热载体气化法

（1）二氧化碳接受体法

二氧化碳接受体法（图1-47）以气化燃料本身为载热体，并通过固体活化剂受体吸收生成气中的CO_2。用作固体活化剂受体的有白云石（MgO·OCa）、氧化钡（BaO）、石灰石等。

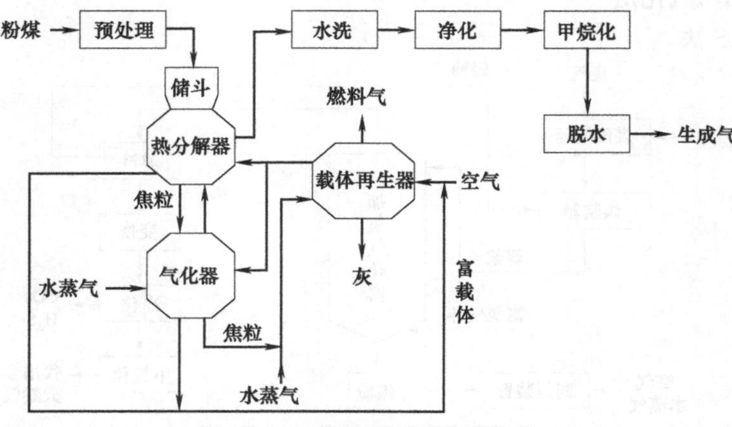

图1-47　二氧化碳接受体法流程

（2）Cogas 法

Cogas 法（图 1-48）的原理是：煤在低压多段流化床内热解而产生油和气体，然后在流化床中用水蒸气进行残留半焦的气化，气化所需要的热量来自半焦在空气中的燃烧，因而该方法的基本组成部分为热解段、气化段、燃烧段。

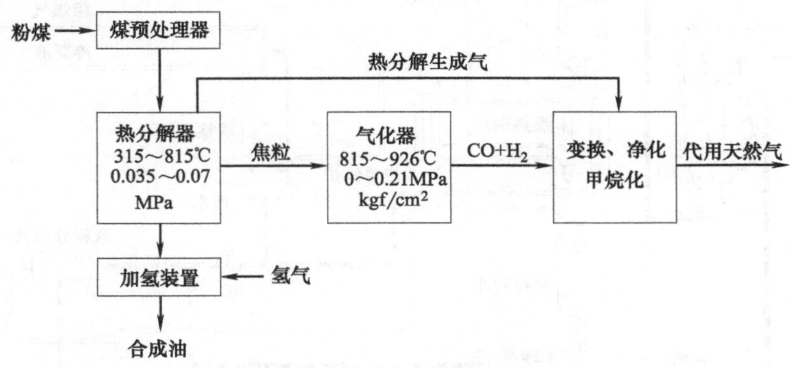

图 1-48　Cogas 法流程

四、气流床气化工艺

当气体通过床层的速度超过某一数值时，则床层不再能保持流态化，固体煤粒将被带出床层，此时的床层即为气流床。

气流床气化是将煤制成粉煤或煤浆，通过气化剂夹带，由特殊的喷嘴喷入炉内进行瞬间气化。煤与气化剂并流加料，火焰中心区温度可高达 2000℃，由于温度高，煤气中不含焦油等物质，剩余的煤渣以液态的形式从炉底排出。

煤颗粒在反应区内的停留时间为 1～10s，来不及熔化而迅速气化，且煤粒能被气流各自分开，不会出现黏结凝聚，因而燃料的黏结性对气化过程没有太大的影响。

气流床气化工艺特点如下。

1. 优点

① 反应温度高（火焰中心区温度 2000℃），产物不含焦油，甲烷含量低；

② 煤的黏结性、机械强度、热稳定性等对气化过程不起作用，原则上几乎可以气化任何煤种；

③ 气流床的设计简单，内件很少。

2. 缺点

气流床出口气体的温度比移动床和流化床都高，在后续的热量回收装置上需设置换热面积较大的换热设备。

（一）水煤浆加料气化工艺

水煤浆加料气化是煤以水煤浆形式加料，利用喷嘴将气化剂高速喷出，与料浆并流混合雾化，在气化炉内进行火焰型非催化部分氧化反应的工艺过程。

灰渣采用液态排渣，排出的炉渣可作水泥或建筑材料的原料。

1. 德士古（Texaco）气化工艺

（1）工艺流程

德士古气化工艺流程（图 1-49）包括煤浆的制备和输送、气化和废热回收、煤气的冷却和净化等工序。该流程所得粗煤气的主要成分有 H_2、CO、H_2O（g）等，煤气中不含重质烃类化合物和焦油。固体物料的研磨方法有干法和湿法两种，湿法又分为封闭式（图 1-50）和非封闭式（图 1-51）。

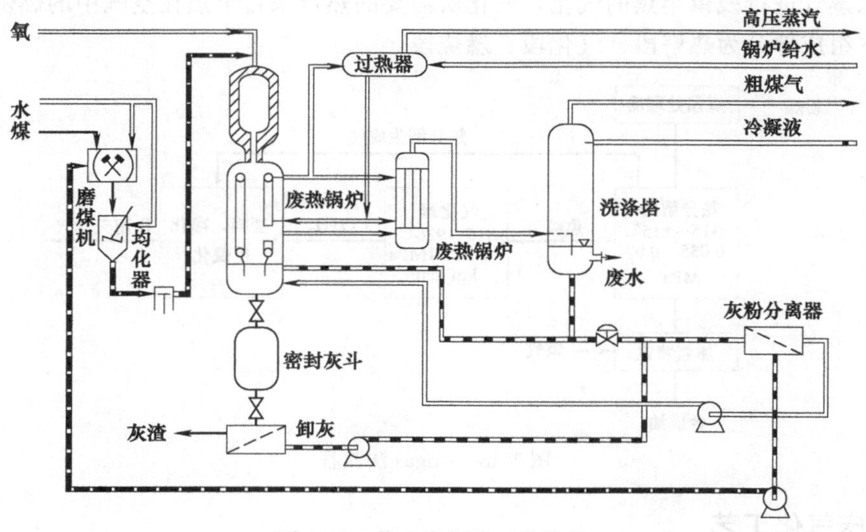

图 1-49　德士古气化工艺流程

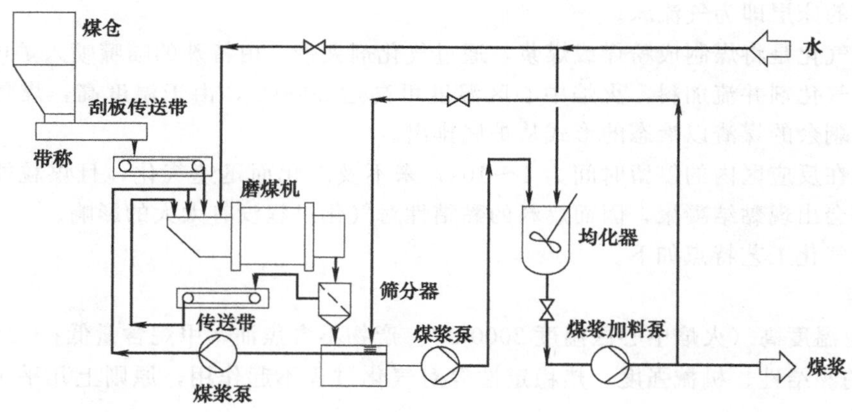

图 1-50　封闭式湿磨系统

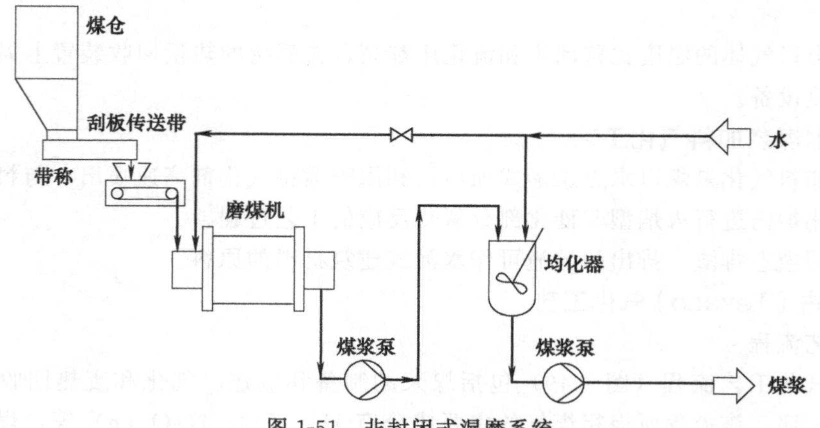

图 1-51　非封闭式湿磨系统

(2) 工艺条件

① 水煤浆浓度　所谓水煤浆浓度是指煤浆中煤的质量分数，即固含量。

水煤浆中的水分含量是指全水分，包括煤的内在水分。

随着水煤浆浓度的提高，煤气中的有效成分增加，气化效率提高，O_2的消耗量下降。

德士古气化技术中，水煤浆浓度要求固含量达65%左右。

温馨提示：

在水煤浆中加入添加剂（如石灰石、氨水）有何意义？

降低煤浆黏度，提高固含量。

水煤浆浓度对气化过程有何影响？

② 粉煤的粒度　粉煤的粒度对碳的转化率有很大影响，较大的颗粒离开喷嘴后，在反应区的停留时间比小颗粒的短，颗粒越大，气固相的接触面积越小。双重的影响结果是使大颗粒煤的转化率降低，导致灰渣中的含碳量增大。

煤的粒度越小，煤浆浓度越大，则煤浆的黏度越大。

③ 氧煤比　在其他条件不变时，氧煤比决定了气化炉的操作温度。O_2比例增大，可以提高气化温度，有利于碳的转化，降低灰渣含碳量，但O_2过量会使CO_2含量增加，从而使煤气中的有效成分含量降低，气化效率下降。

适当提高O_2的消耗量，可以提高炉温，降低生产成本，但提高炉温还要考虑到耐火砖、喷嘴等的寿命。

④ 气化压力　德士古工艺的气化压力一般在10MPa以下，通常根据煤气的最终用途，经过经济核算，选择合适的气化压力。合成NH_3时压力为8.5～10MPa；合成CH_3OH时压力为6～710MPa。

⑤ 气化温度　德士古技术采用液态排渣，操作温度大于煤的灰熔点，一般控制在1350～1500℃之间。

⑥ 煤种　选择煤种时，应选择活性好、灰熔点低（<1300℃）的煤，灰分含量一般应低于10%～15%。当灰熔点高于1500℃时，需添加助熔剂（CaO或Fe_2O_3）。

温馨提示：

德士古气化一般不适宜气化褐煤，为什么？

由于褐煤的内在水分含量高，内孔表面大，吸水能力强，在成浆时，煤粒上吸附的水量多。因此，相同的浓度下自由流动的水相对减少，煤浆的黏度大，成浆较困难。

德士古法是在煤的灰熔点以上温度操作，炉内灰分的熔融所需要的热量必须燃烧部分煤来提供，因而煤灰分含量增大，氧消耗量会增大，煤的消耗量亦增大。

灰分中Fe_2O_3、CaO、MgO含量越多，灰熔点越低；SiO_2、Al_2O_3含量越高，灰熔点越高。通常用酸碱比来判断灰分熔融的难易程度：

$$\text{酸碱比}=\frac{w_{SiO_2}+w_{Al_2O_3}}{w_{Fe_2O_3}+w_{CaO}+w_{MgO}}$$

当酸碱比为1～5时为易熔，大于5时为难熔。

(3) 气化炉结构和主要设备

根据粗煤气采用的冷却方法不同，德士古气化炉（图1-52）可分为淬冷型和全热回收型两类。目前大多数德士古气化炉采用淬冷型，其优势在于更廉价，可靠性更高；缺点是其热效率比全热回收型低。

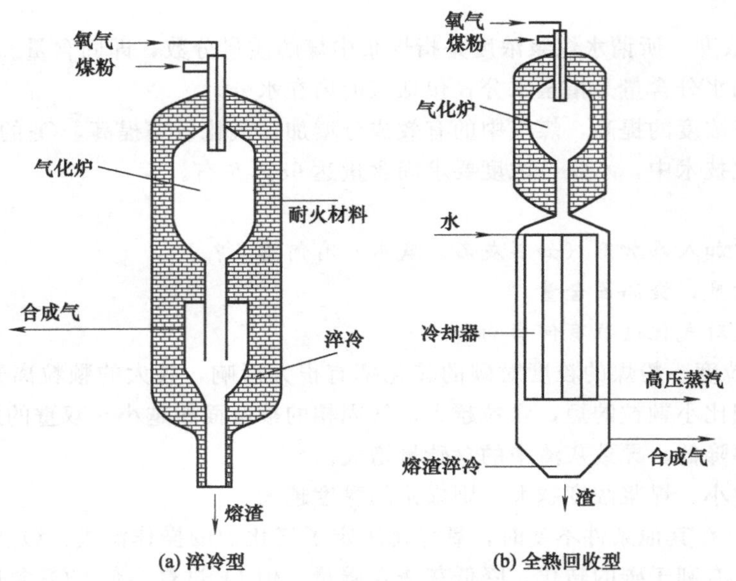

图 1-52　德士古气化炉

两种炉型仅是对高温粗煤气所含显热的回收利用不同，气化工艺基本相同。德士古加压水煤浆气化过程是并流反应过程，水煤浆原料与 O_2 从气化炉顶部进入，气化后煤气中的主要成分是 CO、H_2、CO_2、H_2O（g）。

① 气化炉结构及气化操作过程　气化炉分为上、下两部分，上部是燃烧室，下部是急冷室或辐射废热锅炉结构。

如果反应物料配比或进料顺序不得当，不是超温就是有爆炸危险。

② 合成气洗涤塔（碳洗塔）　该塔的功能是清洗粗煤气。为除去夹带的液滴，塔顶上可设丝网除沫器或垂直型折板除沫器。

③ 工艺烧嘴　工艺烧嘴的主要功能是利用高速氧气流的动能，将水煤浆雾化并充分混合，在炉内形成一股有一定长度黑区的稳定火焰，为气化创造条件。

④ 煤浆振动筛　煤浆筛的结构特点是由两个筛架组成，一个筛架插入另一个之中，由偏心轴带动，将煤浆中的大粒度煤粒及时筛出。煤浆筛设在煤浆槽的上方。

⑤ 磨煤机　磨煤机的作用是得到指定煤浆浓度和粒度的水煤浆成品。

⑥ 煤浆泵　水煤浆输送一般采用活塞隔膜泵。

2. 对置多喷嘴水煤浆气化技术

对置多喷嘴水煤浆气化炉是国家“九五”重点科技攻关项目，2000 年 7 月第一次投料成功，是有自主知识产权的项目。煤浆分别经 4 台高压煤浆泵加压计量后与 O_2 一起送至 4 个两两水平对称布置的工艺喷嘴，在气化炉内进行部分氧化反应。

3. E-gas 气化炉（以前也称 Dow、Destec）

E-gas 工艺是在德士古气化工艺上发展起来的两段式水煤浆气化工艺，使用煤种是次烟煤，主要用于 IGCC 示范装置。

（1）结构及流程

E-gas 水煤浆气化炉由两段反应器组成：第一段是在高于煤的灰流动温度下操作的气流夹带式部分氧化反应器，操作温度为 1300～1450℃，第一段反应器水平安装，两端同时对称进料；第二段垂直安装在第一段反应器上方，第二段水煤浆喷入量为总量的10%～20%，第一段产生的煤气与其换热，煤气温度被冷却到灰软化温度以下（约1000℃），新喷入的煤浆颗粒在该温度下被热解和气化。

(2) 工艺特点

与德士古气化炉不同的是80%的水煤浆和纯氧混合通过第一段对称布置的两个喷嘴喷入气化炉，10%～20%的水煤浆由第二段加入，与粗煤气混合并发生反应。

（二）干粉煤加料气化工艺

1. K-T气化法

K-T法于1952年实现工业化，大多用来生产富氢气以生产合成氨。

(1) K-T气化炉结构

K-T气化炉结构见图1-53。

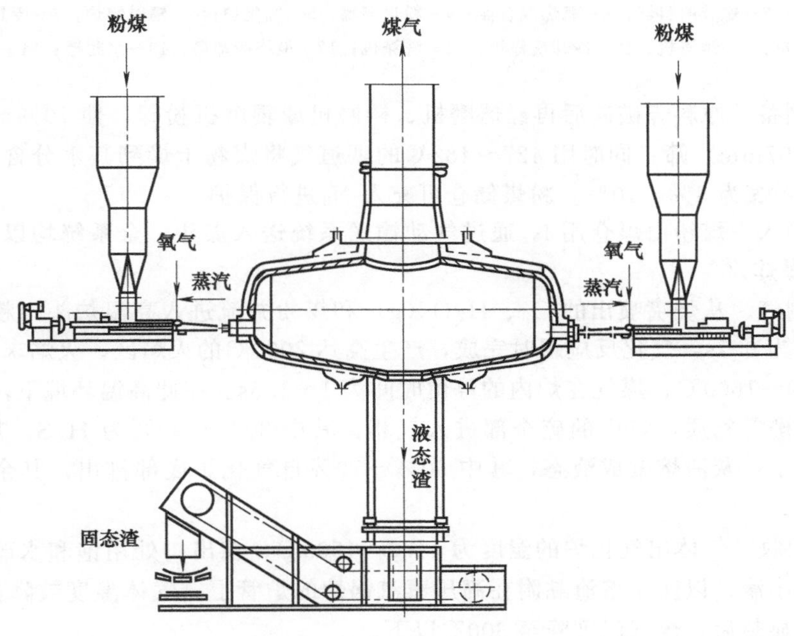

图1-53　K-T气化炉

炉身是一个圆筒体，用锅炉钢板焊成双壁外壳，在内外壳的环隙间产生的低压蒸汽，同时把内壁冷到灰熔点以下，使内壁挂渣而起到一定的保护作用。在高温气化环境条件下，炉子的防护除了用挂渣起一定的作用外，更重要的是耐火材料的选择。

两个稍向下倾斜的喷嘴相对设置的作用如下：

① 使反应区内的反应物形成高度湍流，加速反应；

② 火焰对喷而不直接冲刷炉壁，对炉壁有一定保护作用；

③ 在一个反应区喷出未燃尽的颗粒将在对面的火焰中被进一步气化；

④ 如果出现一个烧嘴临时堵塞时保证继续安全生产。

喷嘴出口的气流速度通常要大于100m/s，以避免回火而发生爆炸。

(2) 工艺流程

K-T气化工艺流程见图1-54。

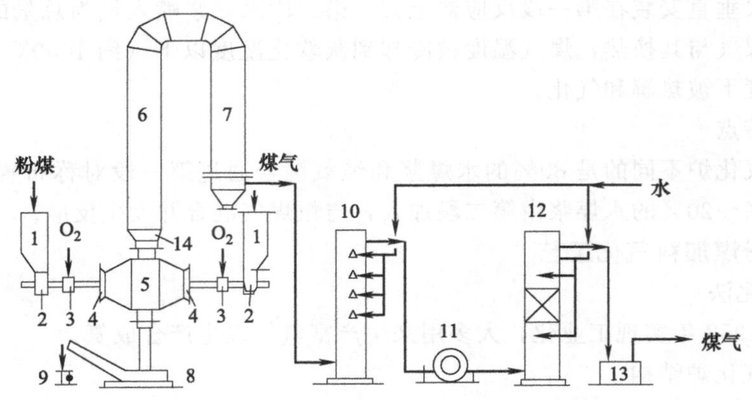

图 1-54　K-T 气化工艺流程

1—煤斗；2—螺旋给料器；3—氧煤混合器；4—粉煤喷嘴；5—气化炉；6—辐射锅炉；7—废热锅炉；8—除渣机；9—运渣机；10—冷却洗涤塔；11—洗涤机；12—最终冷却塔；13—水封槽；14—急冷器

① 煤粉制备　原料煤破碎后再经球磨机、棒磨机或辊磨机粉碎，使 70%～85%的煤通过 200 目（0.07mm）筛；同时用 427～482℃的烟道气将煤粉干燥到其水分含量符合要求，烟煤为 1%，褐煤为 8%～10%。粉煤储仓可充入 N_2进行保护。

② 原料输入　煤粉由煤仓用 N_2通过气动输送系统送入煤斗，全系统均以 N_2充压，以防 O_2倒流而爆炸。

③ 气化制气　从烧嘴喷出的 O_2、H_2O（g）和煤粉并流进入高温炉头，粉煤在炉头内的停留时间约为 0.1s，气化反应瞬时完成，产生高达 2000℃的火焰区，火焰末端（炉中部）的温度为 1500～1600℃，煤气在炉内的停留时间为 1～1.5s。在此高温环境下，基本不生成焦油、甲烷、酚等物质，煤中的硫全部进入气相，其中 80%～90%为 H_2S，其余为 COS。在炉内的高温下，灰渣熔融成液态，其中 60%～70%自气化炉底部排出，其余以飞灰的形式随煤气逸出。

④ 废热回收　气体出气化炉的温度为 1400～1500℃，在出口处用饱和水蒸气急冷以固化夹带的熔渣小滴，以防止熔渣黏附在高压蒸汽锅炉的炉管上，气体温度被降至 900℃。用废热锅炉回收显热后，煤气温度降至 300℃以下。

⑤ 洗涤冷却　洗涤冷却系统可根据出炉煤气的灰含量、回收利用的要求、煤气的具体用途等进行不同的组合。

(3) 工艺指标

① 原料　K-T 炉原则上可以气化任何煤种，但褐煤和年轻烟煤更为适用，要求煤的粒度小于 0.1mm，70%～80%能通过 200 目（0.07mm）筛。

② 温度　炉头内火焰中心的温度为 2000℃，粗煤气出口温度为 1500～1600℃，经急冷后温度降到 900℃左右。

③ 压力为 196～294Pa（表压），微正压。

④ 汽氧比为 1∶2。

⑤ 气化效率为 69%～75%（冷煤气）。

⑥ 碳转化率为 80%～90%。

2. 壳牌气化技术

壳牌气化工艺是由荷兰壳牌公司开发的以干粉煤气流加压的气化技术。

(1) 壳牌气化工艺及流程

① 粉煤的制备与输送　壳牌气化技术采用干粉煤加料，粉煤粒度小于 0.1mm，含水量小于 1%，每立方米 N_2可输送 50～500kg 粉煤。

② 气化制气　通过控制加煤量调节氧气量和水蒸气量，使气化炉在 1400～1700℃范围内进行气化，气化后所得粗煤气夹带细小熔渣排出气化炉，被循环冷却煤气急冷至 900℃左右进入废热锅炉；气化后灰渣以液态排渣。

③ 废热回收　合成气进入废热锅炉冷却至 250～400℃，产生的过热蒸汽可用于发电，中压饱和蒸汽用于气化。

④ 冷却除尘　干灰进入灰锁斗后到达储仓，可作为水泥配料。

部分煤气加压循环用于出炉煤气急冷，其余粗煤气经脱除氯化物、氨、氰化物和硫化物（H_2S、COS），HCN 转化为 N_2或 NH_3，硫化物转化为单质硫，经水洗塔脱 NH_3后送脱硫工序。

(2) 工艺条件和气化指标

① 原料　从生产可行性分析可气化各种煤，但从生产经济成本与效益考虑，选用灰熔点小于 1400℃、灰分含量（A_d）小于 20%的煤对生产更适宜。

② 操作温度和操作压力　温度为 1400～1700℃（高于灰熔点 100～150℃），压力为 2～4MPa。

③ 氧煤比为 1.0 左右。

(3) 气化炉结构

Shell 气化炉采用膜式水冷壁，主要由内筒和外筒两部分构成，包括膜式水冷壁、环形空间和高压容器外壳。

气化炉内筒上部为燃烧室（气化区），下部为熔渣急冷室，煤粉及氧气在燃烧室于 1600℃左右进行反应。

膜式水冷壁的设计避免了高温、熔渣腐蚀及开停车所产生应力对耐火材料的破坏，有效提高了气化炉的使用周期。膜式水冷壁向火侧有一层较薄的耐火材料，其作用为：① 减少热损失；② 为了挂渣，利用渣层进行隔热并起到保护炉壁的作用。膜式水冷壁外侧利用沸水冷却，产生中压蒸汽和高压蒸汽。

（三）水煤浆生产技术与干粉煤生产技术的比较

(1) 气化效率

干粉煤进料气化效率高。

(2) 氧耗

干粉煤进料氧气消耗低 15%～25%。

(3) 热效率

干法采用废热锅炉，煤中约 83%的热能转化为煤气的化学能，另外 15%的热能被回收制成高压蒸汽和中压蒸汽，总效率可达 98%。

五、熔融床气化工艺

熔融床气化炉是一种气-固-液三相反应的气化炉，燃料和气化剂并流进入炉内，煤在熔融的渣、金属或盐浴中直接接触气化剂而气化，生成的煤气由炉顶导出，灰渣则以液态和熔融物一起溢流出气化炉。

熔融床对煤的粒度没有过分限制。熔融床的缺点是热损失大，熔融物对环境污染严重，

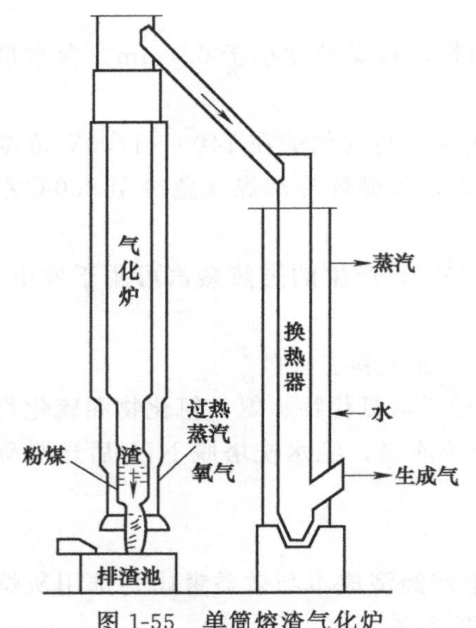

图 1-55　单筒熔渣气化炉

高温熔盐会对炉体造成严重腐蚀。

（一）鲁麦尔熔渣（熔融的 Fe_2O_3）气化炉

单筒熔渣气化炉见图 1-55。

单筒熔渣池的熔渣中含有铁的氧化物，可发生以下反应：

$$Fe_2O_3 + C \rightleftharpoons 2FeO + CO$$

$$2FeO + \frac{1}{2}O_2 \rightleftharpoons Fe_2O_3$$

使用铁是因为熔渣起着传氧的作用，并且对气化过程有催化作用。铁对硫有很强的亲和力，从而可以制得几乎不含硫的煤气。该法的碳转化率可达 99%左右。

熔渣池的深度约为 500mm，其中的 Fe_2O_3 是一种廉价的有效助熔剂，大体上可维持灰熔点在 1200℃以下，能保证熔渣具有良好的流动性。

熔渣黏度在熔融床气化法中起着重要作用。一方面它影响熔渣池内粉煤和气化剂之间的反应速率；另一方面，熔渣黏度决定了熔渣在熔渣池内流动时具有一定的黏滞性，使得粉煤在熔渣池内的停留时间延长，有利于提高煤的气化强度，使气化彻底。

（二）熔盐（熔融的 Na_2CO_3）气化法

美国煤炭研究所于 1964 年开始研究熔盐气化法，用 Na_2CO_3 作为熔盐介质，借助 Na_2CO_3 的催化作用，提高水蒸气和粉煤之间的气化反应速率，可以适当降低反应温度。Na_2CO_3 对烃类的分解也具有一定的催化作用，可以气化一些挥发分含量高的煤种，煤气中不含焦油类蒸气。

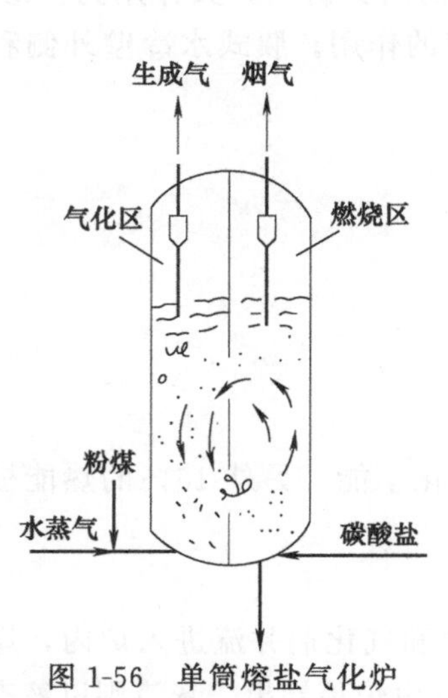

图 1-56　单筒熔盐气化炉

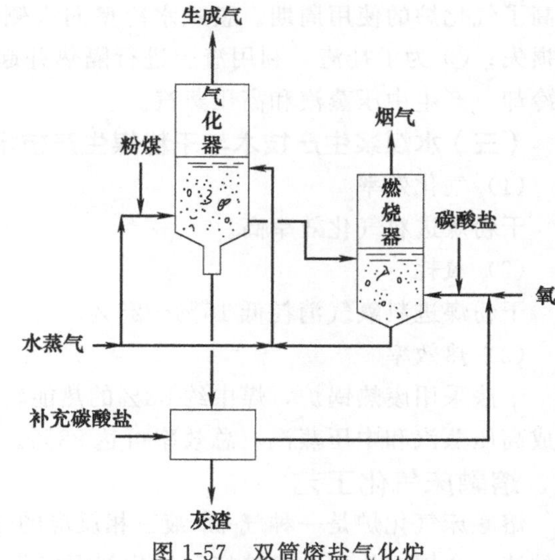

图 1-57　双筒熔盐气化炉

单筒熔盐气化炉（图 1-56）内分成气化区和燃烧区两部分，两区的下部连通，熔盐池温度为 950～1000℃，反应压力 2.79MPa。双筒熔盐气化炉（图 1-57）是将气化和燃烧两个区域置于两个反应器中，两反应器之间设有熔盐流循环管，由送入气化器底部的水蒸气使熔盐循环流动。

（三）熔铁（熔融的铁水）气化法

熔铁气化法是以铁为熔质的气化方法，其优点是可以在常压下操作，气化的煤种范围宽。粉煤喷入铁浴时固定炭和硫首先熔解于温度为1370℃的铁水中，依靠硫和铁极强的亲和力，使制得的煤气中几乎不含硫。

1. 两段熔铁气化法

两段熔铁气化法采用$CaCO_3$作助熔剂，压缩空气将其和粉煤一起输入铁浴的内部，粉煤迅速熔解并气化，$CaCO_3$成为铁水的一部分。$CaCO_3$除了起助熔的作用外，同时还可以除去部分硫，但为了避免出现熔渣含硫太高而使流动性变差，一般要求煤的含硫量为4%～8%。两段熔铁气化试验炉见图1-58。

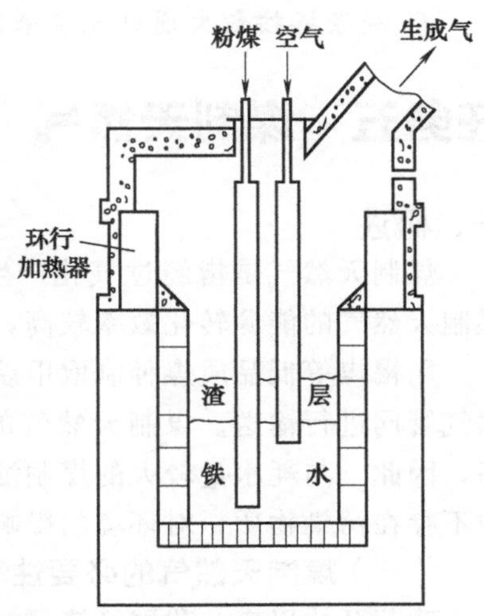

图1-58 两段熔铁气化试验炉

熔铁气化试验炉内径为610mm，炉内物质分两层，铁水较重在下层，燃料和灰渣浮于其上。

2. Atgas法

Atgas法是以水蒸气和氧气为气化剂，将粉煤与$CaCO_3$以及O_2和H_2O（g）在表压0.34MPa下，通过两个喷嘴喷入温度为1370～1425℃的熔融铁池中，煤中的挥发分在高温下分解放出，残留的炭熔解于铁浴中而被气化，生成的煤气中几乎全是CO和H_2。Atgas法熔铁气化炉见图1-59。

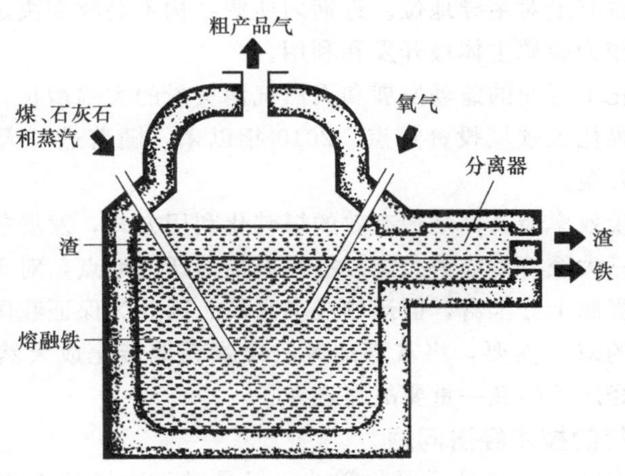

图1-59 Atgas法熔铁气化炉

温馨提示：

煤气的两个基本用途：

① 作为工业或民用燃料气；

② 作为化工生产的原料气。

在选择气化用的设备时，要充分考虑煤气的具体用途，选择适宜的气化设备。

设备选择的原则：

① 煤气用于工业原料或燃料时，均应按最大需要量来配备气化设备；

② 煤气炉的台数按所需最大煤气量确定，单台炉的产量应按平均气化强度来计算；

③ 煤气发生炉应考虑备用炉，以便在检修或生产出现非正常情况时，不致整个生产过程出现故障；

④ 每台气化炉一般应配置双竖管、洗涤塔、煤气排送机、空气鼓风机等设备；

⑤ 鼓风机风量应按单台炉的最大瞬时风量来考虑；

⑥ 洗涤塔按最大通过气量来选择。

任务五　煤制天然气

一、概述

煤制天然气是指经过气化产生合成气，再经过甲烷化处理，生产代用天然气（SNG）。煤制天然气的能源转化效率较高，技术已基本成熟，是生产石油替代产品的有效途径。

用褐煤等低品质煤种制取甲烷（即天然气主要成分）气体，可利用现有和未来建设的天然气管网进行输送。煤制天然气的耗水量在煤化工行业中相对较少，而转化效率又相对较高，因此，与耗水量较大的煤制油相比具有明显的优势。此外，煤制天然气过程中利用的水中不存在污染物质，对环境的影响也较小。

（一）煤制天然气的必要性

改革开放以来，我国经济保持了持续稳定的高速增长。国民经济的高速增长是以能源消费的高速增长为基础的，中国既是能源消费大国也是能源生产大国，目前中国的能源消费总量位居世界第二。而我国基础能源格局的特点是“富煤、缺油、少气”，长期以来，煤炭在我国能源结构中一直占有绝对主导地位。近期内能源结构不会改变决定了煤炭资源将在未来很长一段时期内继续作为能源主体被开发和利用。

近年来，随着煤化工行业的蓬勃发展和天然气消费量的大幅增长，我国煤制天然气行业取得长足发展，成为煤化工领域投资热点。2010 年以来，随着进口天然气价格上涨，我国煤制天然气市场持续升温。

煤制天然气的能量效率最高，是最有效的煤转化利用方式，发展前景好。同时我国环渤海、长三角、珠三角三大经济带成为我国经济发展最活跃的地点，对天然气需求巨大，而内蒙古、新疆等地煤炭资源十分丰富，但运输成本高昂。因此为保证我国的能源安全以及满足清洁环境和经济发展的双重需要，将富煤地区的煤炭就地转化成天然气，必将成为继煤发电、煤制油、煤制烯烃之后的又一重要战略选择。

（二）煤制天然气的技术经济问题

煤制天然气的工艺已经成熟是无可争辩的，但是对于这样的工艺的经济性，确实存在争议。

1. 成本

近年来，国内设计单位已经做了多起可行性研究，以及开展了一些设计，关键问题是产品的成本是否合理。显然，煤价是产品成本合理的主要指标。在 Lugi 气化技术为先导的工艺下，采用褐煤为原料，热值为 1.67×10^4 kcal/kg（1kcal＝4.1840kJ），煤价为 150 元/t，100m^3 甲烷需要 4.8t 煤作为原料和燃料。

各设计单位得到的结论基本相似：产品甲烷的生产成本为 1.60 元/m^3，如果用于城市居民燃料，还要加上输送和城市管理费，至少要在2.50元/m^3左右，居民恐怕难以接受这个价格。

2. 投资

以鲁奇气化技术为先导的煤制天然气装置的投资为：10^8m^3甲烷的投资大为5亿～7亿元。目前国内设计的几个装置的投资见表1-4。

表1-4　煤制天然气装置的投资

项目	产量×10^8/m^3	投资×10^8/元
新疆新汶	100	500
大唐克旗	40	257
内蒙古汇能	16	80

3. 能耗

以鲁奇气化技术为先导的煤制天然气的热值为36.0GJ（1000m^3天然气），其装置的综合能耗（以1000m^3天然气计）为63.6GJ。由于其主产业链比较短，所以煤制天然气的能量利用率比较高，该过程的能量利用率为56.6%。

二、煤制天然气工艺

（一）煤制天然气流程

煤制天然气工艺流程如图1-60所示。

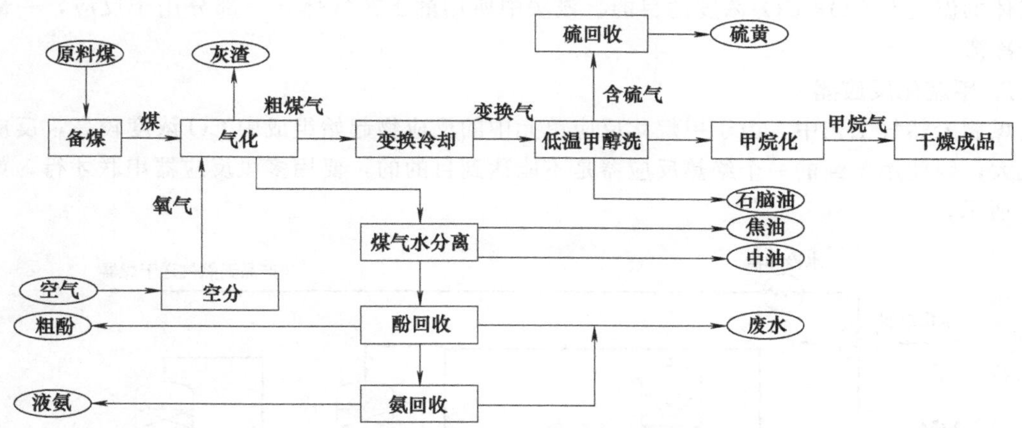

图1-60　煤制天然气工艺流程示意图

煤制天然气工艺的最关键技术是煤气化，其工艺包括：空分、煤气化、部分变换、净化（低温甲醇洗）、甲烷化五个单元。各个单元的作用见表1-5。

表1-5　煤制天然气单元表

单　元	作　用	单　元	作　用
空分	制取O_2	净化(低温甲醇洗)	脱除H_2S、CO_2
煤气化	制取合成气$CO+H_2$	甲烷化	合成CH_4
部分变换	调整H_2、CO比例		

（二）甲烷化技术

甲烷化在现今的合成氨工艺中，是作为净化合成气的末尾手段来除去微量的CO和CO_2，也就是将少量的CO和CO_2变成甲烷，反应温度在350℃左右，通常采用绝热反应器，反应器的温升为30℃左右。在甲烷化反应是绝热反应的条件下，气体中每转化1%的CO其绝热温升为72℃，每转化1%的CO_2其绝热温升为65℃，该方案中甲烷化前$CO+CO_2$含量为24%～25%，体系的温度升高值很大。

甲烷化在煤制天然气工艺中，是将合成气中的CO和H_2全部变成甲烷，反应热很大而且比较集中，与之配套的设备要产生大量的高压蒸汽。显然，对于煤制天然气工艺中的甲烷化，不能采用单纯的单级绝热升温的做法。若采用等温甲烷化的方法，进出甲烷化炉的气体温差在30℃左右，反应一般在管内进行，反应热的移走是通过管间的冷却水的汽化实现的。这个反应器的设计比较麻烦，对反应动力学和传热进行仔细的计算才行。因此，该工艺中需要开发的难题是甲烷化回路和甲烷化反应器。

1. 甲烷化回路

(1) 稀释法

所谓稀释法，就是用甲烷化反应后的循环气来稀释合成原料气，从而控制甲烷化反应器的出口温度，然后用废热锅炉回收反应产生的热量而得到高压蒸汽。采用稀释法后，进入反应器的气体流量明显增加，反应气体中$CO+CO_2$的浓度有所降低，但该法的能量有一定的损耗。

(2) 冷激法

所谓冷激法，就是在反应器催化床层之间，不断加入低温的新鲜气体，从而达到降低入口气体的温度和$CO+CO_2$浓度的目的。该法中所用的工艺气体，一部分用于反应，一部分用于冷激。

2. 甲烷化反应器

煤制天然气工艺中，由于甲烷化反应单元中的反应物起始组成中CO浓度较高，反应强度较大，因此用单纯的一个绝热反应器是不能达到目的的，要用多段反应器串联才行，如图1-61所示。

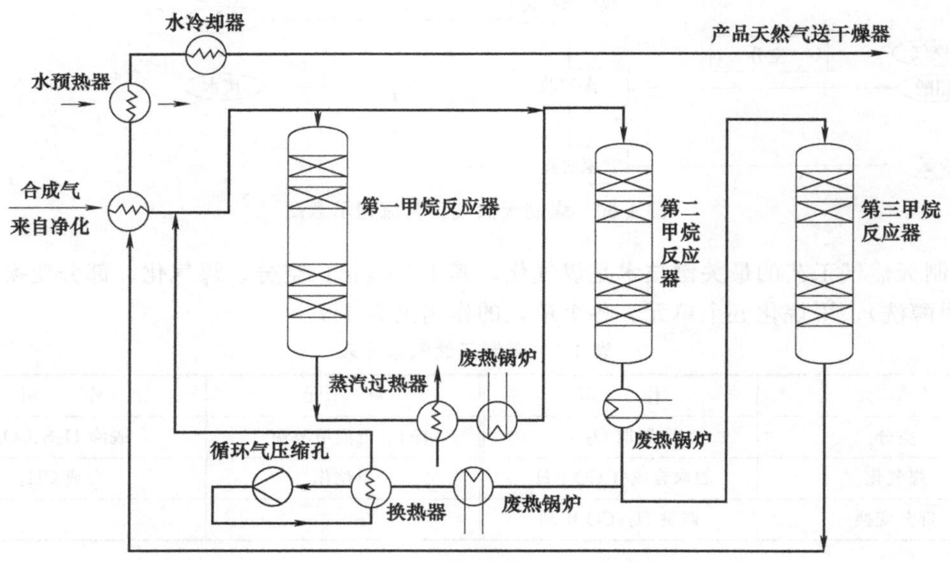

图1-61　三级甲烷化加稀释流程图

如图1-61所示，甲烷化反应器是由三个反应器串联起来的，也就是将甲烷化反应分成几段来进行，分段用废热锅炉回收反应热。第一级反应器的温度为650～700℃，第二级反应器的温度为500℃左右，第三级反应器的温度为350℃左右。全程CO的转化率为100%，H_2的转化率为99%，CO_2的转化率为98%。

目前，国内比较流行的Topsoe甲烷化工艺与上述流程类似，如图1-62所示。

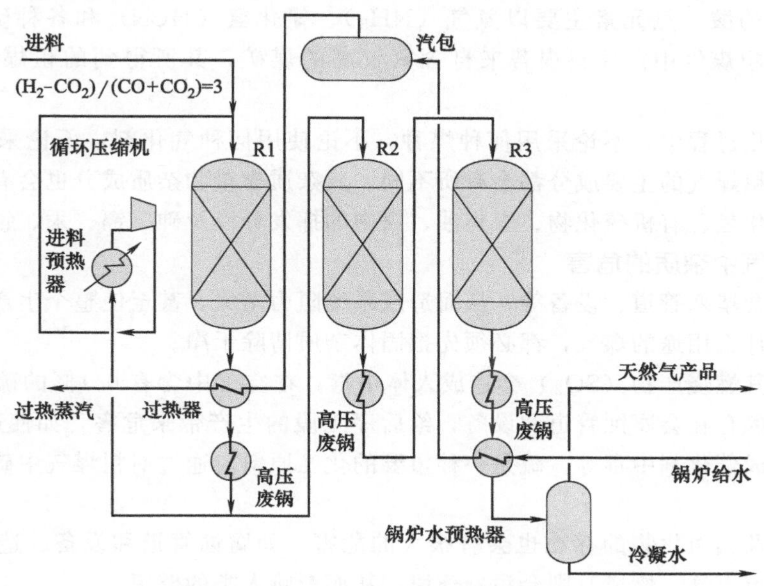

图1-62　Topsoe甲烷化工艺流程图

Topsoe甲烷化工艺只是在循环气的抽出点位置稍有区别。在同样的原料合成气和催化剂的情况下，Topsoe甲烷化工艺的循环量要大一些，但是压力增值小一些。

3. 甲烷化反应条件

甲烷化反应应满足一定的压力条件，其压力大小应该视煤气化的压力而定。采用鲁奇气化技术时，甲烷化反应的压力应控制在2.5MPa左右；采用水煤浆气化技术时，甲烷化反应的压力应控制在3.5～7.5MPa；采用粉煤气化时，甲烷化反应的压力应控制在3.5MPa左右。由于甲烷化反应是向体积减小的方向进行，从热力学的角度考虑，压力高有利于甲烷化反应的进行，同时还有利于设备体积的缩小。

任务六　煤气净化技术

一、概述

（一）煤气中的杂质

在一定条件下，煤和气化剂进行反应直接得到的煤气即粗煤气。

固定床气化法中，由于粗煤气出口温度低，故进料煤升温较慢，煤中的挥发分可能以焦油、油、石脑油、酚等形式被蒸馏出而存在于粗煤气中。气流床气化法中，由于采用高温操作，故不产生焦油、油和酚。流化床气化法生产的粗煤气组成则介于固定床气化法和气流床气化法之间。

煤在气化时，由于采用的煤种不同，气化后所得到的粗煤气的组成也会有所不同。例如，以含硫量较高的焦炭或无烟煤为原料制得的粗煤气中，一般硫化氢含量可达4～

$6g/m^3$，有机硫化物含量为 $0.5\sim0.8g/m^3$；以低硫煤或焦为原料时，硫化氢含量一般为 $1\sim2g/m^3$，有机硫化物含量为 $0.05\sim0.2g/m^3$。从以上数据可以看出，煤中的硫元素大部分转化成了硫化氢（H_2S），但也有极少量的二氧化硫（SO_2）和极少量的有机硫化物羰基硫（COS）、各种硫醇（如 C_2H_5SH）、噻吩（C_4H_4S）等。原料煤中的各种卤素在气化时转化成相应的酸，氮元素主要以氨气（NH_3）、氰化氢（HCN）和各种硫氰酸盐（酯）的形式出现在粗煤气中。原料煤若来自含氟较高的煤矿，其所得到的粗煤气中含氟量也较高。

在煤的气化过程中，不论采用何种煤种，不论使用何种气化剂，不论采用何种气化方法，所生产的粗煤气的主要成分都会有所不同，其杂质含量和杂质成分也会有所区别，但主要是矿尘、硫化氢、有机硫化物、煤焦油、煤中的挥发分以及砷、镉、汞、铅等有害物质。

（二）煤气中杂质的危害

固体杂质会堵塞管道、设备等，从而造成系统阻力增大，甚至使整个生产无法进行。因此，无论生产什么用途的煤气，都必须先把固体杂质清除干净。

硫化氢及其燃烧产物（SO_2）会造成人体中毒，在空气中含有 0.1%的硫化氢就能使人致死。硫化物的存在会腐蚀管道和设备，给后序工段的生产带来危害，如使产品成分不纯、色泽较差、造成催化剂中毒等。硫是一种重要的化工原料，通过对粗煤气中硫的净化可以回收硫资源。

卤化氢以及其卤化物的存在也会有很大的危害，如腐蚀管道和设备、造成催化剂中毒等。若用作城市煤气，燃烧时则会污染环境，从而影响人类的健康。

煤焦油、酚的存在会影响煤气作为化工原料时的纯度，也可能会在后序工段冷却时凝结，造成设备堵塞。煤焦油、酚等有很高的回收价值，是重要的化工原料。

根据粗煤气中所含杂质的不同，将煤气的净化分为煤气除尘和煤气脱硫两部分。

二、煤气除尘

从气化炉出来的粗煤气温度很高，带有大量的热能，同时还带有大量的固体杂质。煤气的生产方法不同，粗煤气的温度和固体颗粒杂质的含量也不同。

对于气流床气化炉来说，在燃烧含灰量大于 20%的煤种时，有 10%～15%的含灰量将以粉尘的形式被煤气带出气化炉。当煤的含灰量为 10%时，粉尘的携带量将增至 50%。对于流化床气化炉来说，粉尘的携带量还会多些。因此，在对煤气进一步利用之前，需先将粗煤气除尘净化。

（一）除尘方法

清除粗煤气中的固体颗粒，可以采取以下几种仪器：以重力沉降为主的沉降室，如煤气柜和废热锅炉；依靠离心力进行分离的旋风分离器；依靠高压静电场进行除尘的电除尘器；用水进行洗涤除尘的文丘里除尘器、水膜除尘器和洗涤塔等。

煤气除尘的一般方法，都是在脱除粗煤气固体颗粒的同时，将气体冷却降温。然而在有些应用场合，并不需要冷却降温，而是趁热清除气体内的微粒杂质，并在高温下脱除各种有害的硫化物，这样就不必使气体先冷却，然后在燃烧时重新加热。

（二）除尘的主要设备

1. 降尘室

降尘室是利用重力从气流中分离出固体尘粒的设备，也称为沉降室，煤气柜和废热锅炉就相当于重力沉降室。降尘室是典型的重力沉降设备，如图 1-63 所示。

(a) 实物图

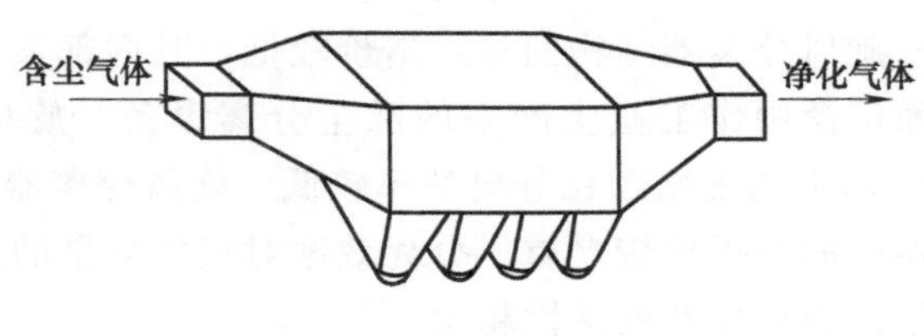

(b) 结构图

图 1-63　降尘室

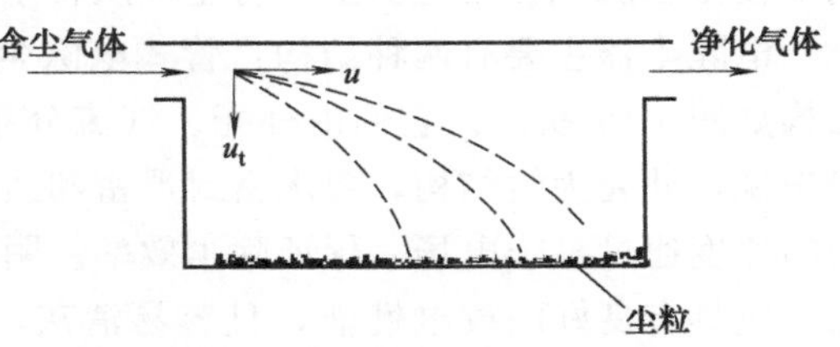

图 1-64　颗粒在降尘室中的运动情况

重力沉降设备的尺寸通常较大，为了使气流均匀分布，降尘室采用锥形进出口。含尘气体进入降尘室后，颗粒随气流有一个水平向前的运动速度 u，因流通截面积扩大使速度减慢。同时，在重力作用下，u_t向下沉降。只要在气体通过降尘室的时间内颗粒能够降至室底，颗粒便可以从气流中分离出来。颗粒在降尘室中的运动情况如图 1-64 所示。

降尘室结构简单，但体积大，分离效果不理想，即使采用多层结构可提高分离效果，但也有清灰不便等问题。通常只能作为预除尘设备使用，一般只能除去直径大于 75μm 的颗粒。

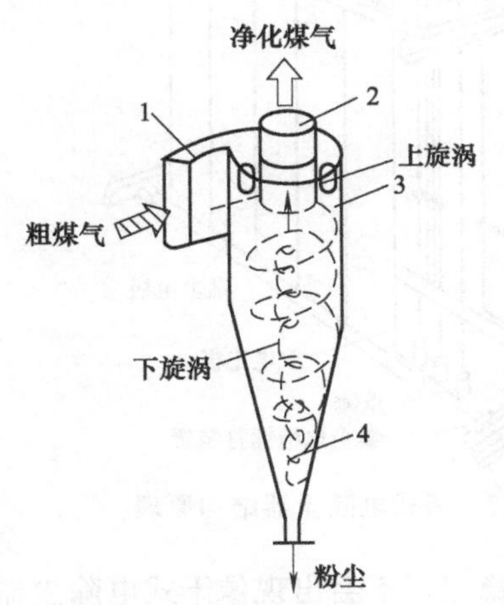

图 1-65　旋风除尘器

1—进气管；2—筒体；3—锥体；4—排尘管

2. 旋风分离器

旋风分离器是利用离心力从气流中分离出尘粒的离心沉降设备，其基本结构如图 1-65 所示。

旋风分离器主体上部为一圆筒形结构，主要由外筒和内筒构成，其下部为圆锥形，是工业中应用比较广泛的除尘设备，它主要用来分离气固混合物。粗煤气由圆筒形上部的切向长方形入口以切线方向进入旋风分离器筒体，在旋风分离器内，形成一个绕筒体中心向下作螺旋运动的外漩流，悬浮于煤气中的尘粒，在离心力的作用下被甩向器壁，与气流分离，并沿器壁滑落至旋风分离器的锥形底部，然后由下部的排尘管排出；粗煤气形成的外漩流先在内外圆筒之间由上到下做螺旋运动，至圆筒下部后，外漩流变成向上的内漩流（净化气），沿内筒旋转上升，最后从旋风分离器顶部排气管排出。

旋风分离器的除尘效率取决于以下两种影响因素：

（1）固体尘粒的大小

固体尘粒越大，其沉降速率越大，尘粒在煤气中的浓度越高，除尘效率越高。

（2）气体速率的大小

进入旋风分离器的粗煤气速率越高，固体尘粒的沉降速率就越大。当粗煤气的速率过大时，会将已经沉降下来的尘粒重新扬起，从而降低除尘效率，甚至恶化降尘器的工作状况。通常最适宜的粗煤气速率为 20～25m/s。

旋风分离器结构简单，造价较低，其内部没有运动部件，操作不受温度、压力的限制，因而广泛用作工业生产中的除尘分离设备。旋风分离器一般可分离 5μm 以上的尘粒，对 5μm 以下的细微颗粒分离效率较低。旋风分离器的缺点是气体在分离器内的流动阻力较大，对器壁的磨损比较严重，分离效率对气体流量的变化比较敏感，且不适合用于分离黏性、湿含量高的粉尘及腐蚀性粉尘。

3. 电除尘器

电除尘器是含尘气体在通过高压电场进行电离的过程中，使尘粒带电，并在电场力的作用下使尘粒沉积在集尘器上，将尘粒从含尘气体中分离出来的一种烟气净化设备。

电除尘器主要有两种结构：管式电除尘器，其结构如图 1-66 所示；板式电除尘器，其结构如图 1-67 所示。它们由外壳、气流分布装置、阳极板、阴极线和清灰装置等组成。一般来说，外壳为钢结构，要求密封严密和适当保温。气流分布装置设在入口处，使气流以均匀的速度通过整个电场，保证除尘效率。阴极线又称为电晕电极或称放电电极，用来电晕放电，应具有良好的放电性能，且容易清灰，在振动下不变形、不断线、不产生过大的热应力等。

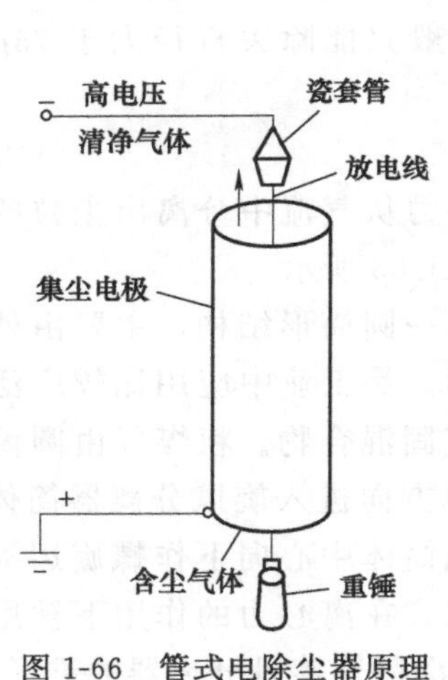

图 1-66　管式电除尘器原理

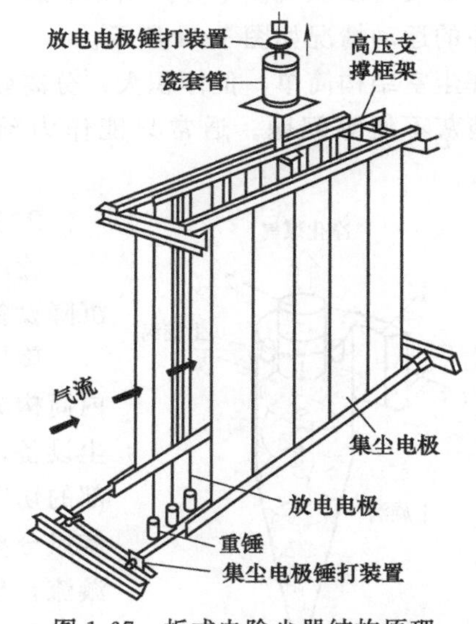

图 1-67　板式电除尘器结构原理

电除尘器有干式和湿式之分，湿式电除尘器操作连续、稳定，不会出现像干式电除尘器的矿尘返搅现象，但只能在较低温度下使用，因而被广泛用于煤气除尘中，如图 1-68 所示。

湿式电除尘器由除尘室和高压供电设备两部分组成。除尘室由电晕电极和沉淀电极组成，电晕放电可分为正电晕和负电晕两种，负电晕稳定，电晕电流大，电场强度高，因此一般工业电除尘器采用负电晕。负电晕电极接高压直流电成为负极，沉淀电极接地成为正极。

电除尘器的工作原理是：在除尘室正、负两极间电离产生的正离子向电晕电极移动，负电荷及带负电的离子在电场的作用下，从电晕电极向沉淀电极移动。粗煤气进入电除尘器后，与两电极间的正负离子和电子发生碰撞而带电（或在离子扩散运动中带电），带上电子和离子的尘粒在电场力的作用下向异性电极运动并积附在异性电极上，干式电除尘器通过振打、湿式电除尘器通过水或其他液体冲洗等方式使电极上的灰尘落入收集灰斗中，从而使通过电除尘器的粗煤气得到净化，达到保护环境的目的。

电除尘器与其他除尘设备相比，耗能少，除尘效率高，适用于除去烟气中 0.01～50μm 的粉尘，而且可用于烟气温度高、压力大的场合。实践表明，由于电除尘器的造价很高，所以处理的烟气量越大，使用电除尘器的投资和运行费用越经济。

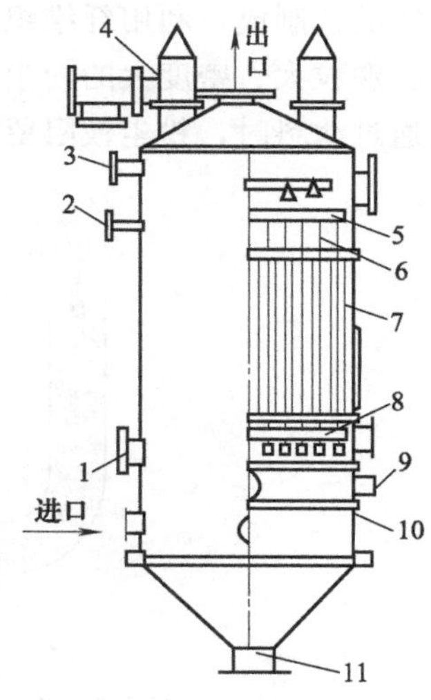

图 1-68　湿式电除尘器的结构

1—人孔；2—连续给水装置；3—间断给水装置；4—绝缘子箱；5—上吊架；6—电晕线；7—沉淀电极；8—下吊架；9—均流板；10—防爆孔；11—排污法兰

4. 文丘里除尘器

图 1-69 为文丘里除尘器的结构示意图。该除尘器由引水装置（喷雾器）、文丘里管本体和脱水器组成。文丘里管本体由收缩管、喉管和扩散管组成。在文丘里除尘器中将实现雾化、凝聚合并和脱水三个过程。

粗煤气由风管进入收缩管，气流速率逐渐增高，在喉管中气流速率为最大。此时由于高速气流的冲击，使喷嘴喷出的水滴进一步雾化（雾化过程）；在喉管中由于气液两相的充分混合，尘粒与水滴不断碰撞，凝聚合并成为更大的颗粒（凝聚合并过程）；气流在扩散管内速率逐渐降低，静压得到一定的恢复，已经凝聚合并的尘粒经风管进入脱水器，由于颗粒较大，在一般的旋风分离器中就可以把含尘的水滴分离出来（脱水过程），从而使粗煤气得到净化。

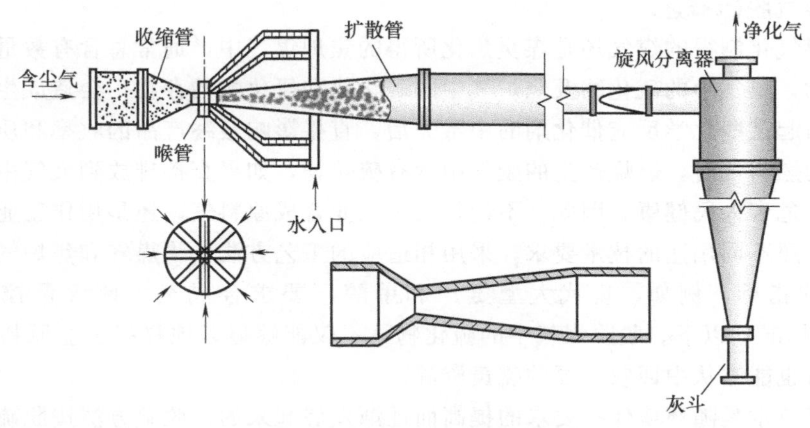

图 1-69　文丘里除尘器结构示意图

文丘里除尘器既可用于除去气体中的颗粒物，又可同时脱除气体中的有害化学组分，应用十分广泛。但它只能用来处理温度不高的气体，排出的废液或泥浆尚需二次处理，以免形成二次污染。

5. 袋式除尘器

袋式除尘器是过滤除尘设备中应用最广泛的一类，它是一种高效干式气体净化设备，如图 1-70 所示。袋式除尘器适用于捕集细小、干燥、非纤维性粉尘。滤袋采用纺织的滤布或非纺织的毡制成，利用纤维织物的过滤作用对含尘气体进行过滤，当含尘气体进入袋式除尘器后，颗粒大、密度大的粉尘，由于重力的作用沉降下来，落入灰斗，含有较细小粉尘的气体在通过滤料时，粉尘被阻留，使气体得到净化。

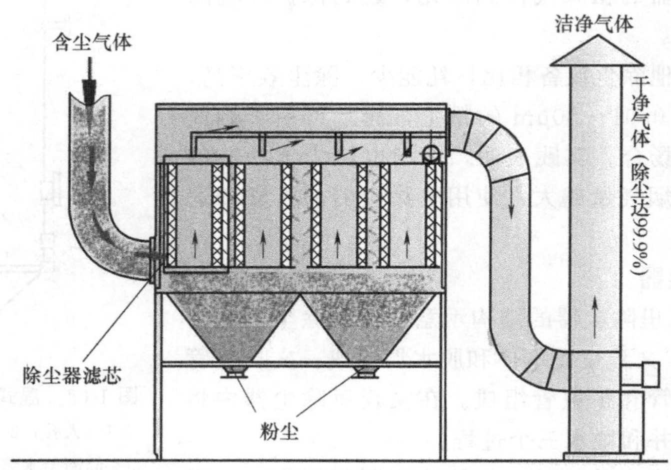

图 1-70　袋式除尘器原理图

袋式除尘器的显著优点是净化效率较高，工作比较稳定，结构比较简单，技术要求不复杂，操作方便，便于粉尘物料的回收利用等。但袋式除尘器也存在应用范围受滤料耐温、耐腐蚀性能的限制，气体温度既不能低于其露点温度、又不能高于滤料许可的温度，设备尺寸及占地面积较大等缺点。

三、煤气脱硫

（一）煤气脱硫概述

不论是煤气化制得的煤气还是煤炭焦化所得的焦炉煤气中，通常总含有数量不同的无机和有机硫化物，煤气中的硫化物及焦炉气中的硫化物和氰化物的存在，会造成生产设备和管道的腐蚀，引起某些化学反应催化剂的中毒失活，直接影响最终产品的收率和质量。当其用作工业或民用燃料气时，燃烧产生的废气中含有硫化物，如果直接排放到大气中，将严重污染大气环境，危害人民健康。因此，不论是用于工业合成原料气，还是用作工业或民用燃料气，都必须按照不同用途的技术要求，采用相适应的工艺方法，将煤气和焦炉气中的硫化物脱除至要求的指标，例如，现代大型氨厂和甲醇厂要求合成气中硫含量控制在 0.1～0.2mg/m^3（标况）以下。脱除煤气中的硫化物，不仅能够显著地提高工业原料气和燃料气的质量，同时也能够从中回收重要的硫黄资源。

煤气脱硫技术是随环境保护要求的提高而逐渐发展起来的，脱硫方法按脱硫剂的状态可分为干法和湿法两大类。

干法脱硫按脱硫剂的性质又可分为以下三种类型：

① 加氢转化催化剂型（如铁钼、钴钼、镍钴钼等）；

② 吸收型或转化吸收型（如氧化锌、氧化铁、氧化锰等）；

③ 吸附型（如活性炭、分子筛等）。

湿法脱硫按溶液的吸收和再生性质可分为湿式氧化法、化学吸收法、物理吸收法、物理化学吸收法。

(1) 湿式氧化法

湿式氧化法是借助于吸收溶液中载氧体的催化作用，将吸收的 H_2S 氧化成为硫黄，从而使吸收溶液获得再生，如改良 ADA 法、栲胶法、氨水催化法、PDS 法及络合铁法等。

(2) 化学吸收法

化学吸收法是以弱碱性溶液为吸收剂，与 H_2S 进行化学反应而形成有机化合物，当吸收富液温度升高、压力降低时，该化合物即分解释放出 H_2S，如烷基醇胺法、碱性盐溶液法等。

(3) 物理吸收法

物理吸收法吸收硫化物完全是一种物理过程，该法常用有机溶剂作为吸收剂，当吸收富液压力降低时即释放出 H_2S，如冷甲醇法、聚乙醇二甲醚法、碳酸丙烯酯法等。

(4) 物理-化学吸收法

物理-化学吸收法的吸收液由物理溶剂和化学溶剂组成，因而其兼有物理吸收和化学吸收两种性质，吸收液中若有化学溶剂则会发生化学反应，如环丁砜法、常温甲醇法等。

(二) 干法脱硫

煤气的干法脱硫由于其工艺简单、技术成熟可靠、脱硫效率高、操作简便、设备简单、维修方便、可较完全地除去煤气中的硫化氢和大部分氰化氢等优点，已被广泛使用在各大、中、小型氮肥厂、甲醇厂、城市煤气厂、石油化工厂等，用来脱除各种原料气中的硫化物；但干法脱硫反应速率缓慢，设备体积庞大，且需多个设备进行切换操作，操作不连续，劳动强度大，硫黄较难回收，脱硫剂再生困难，不宜用于含硫较高的煤气。因此，在粗煤气含硫量较高而净化要求又较高的情况下，不能单独使用干法脱硫，而应与湿法脱硫相配合，作为二级脱硫使用。也就是说，先用湿法粗脱硫，再用干法精脱硫。

1. 干法脱硫基本原理

干法脱硫是用固体脱硫剂脱除原料气中的少量的硫化氢和有机硫化物。当采用干法脱硫时，若粗煤气中含有有机硫化合物，应先将有机硫化合物转化成无机硫化合物，然后将无机硫化合物进一步除去。常用的干法脱硫法有氧化铁法、氧化锌法和活性炭法等。

(1) 氧化铁干法脱硫基本原理

氧化铁脱硫剂具有强度高、遇水不粉化、不影响脱硫、孔隙率大、硫容量大、脱硫效率高等特点。当温度处于不同范围时，氧化铁的脱硫机理会有所不同，下面将进行简单介绍。

① 常温氧化铁法

a. 脱硫　常温下，氧化铁（Fe_2O_3）的 α-水合物和 γ-水合物具有脱硫作用。

当氧化铁脱硫剂呈碱性（$FeOOH \cdot H_2O$）时，发生以下脱硫反应：

$$2FeOOH \cdot H_2O + 3H_2S = Fe_2S_3 \cdot H_2O + 5H_2O$$

当氧化铁脱硫剂呈酸性或中性（$Fe_2O_3 \cdot H_2O$）时，发生以下脱硫反应：

$$Fe_2O_3 \cdot H_2O + 3H_2S = 2FeS + S + 4H_2O$$

b. 脱硫剂再生　脱硫后生成的硫化铁（$Fe_2S_3 \cdot H_2O$），在有氧气存在的条件下，发生氧化反应，析出硫黄（S），脱硫剂再生。

$$Fe_2S_3 \cdot H_2O + \frac{3}{2}O_2 = Fe_2O_3 \cdot H_2O + 3S$$

上述再生反应速率很快，再生也较彻底，所以在生产中应尽量使脱硫反应在碱性条件下进行。

$$FeS+\frac{3}{2}O_2+H_2O \longrightarrow Fe_2O_3 \cdot H_2O+2S$$

上述再生反应在常温下很难进行，反应速率不仅慢，再生也不完全，所以在生产中应尽量避免脱硫反应在酸性或中性条件下进行。

② 中温氧化铁法　当反应温度达到200～400℃时，具有脱硫活性的氧化铁为Fe_3O_4，而从市场上购进的氧化铁脱硫剂为Fe_2O_3，因此在进行脱硫反应之前，应先用还原性气体（H_2或CO）将Fe_2O_3还原为Fe_3O_4，其还原反应式为：

$$3Fe_2O_3+H_2 \longrightarrow 2Fe_3O_4+H_2O$$

$$3Fe_2O_3+CO \longrightarrow 2Fe_3O_4+CO_2$$

该还原反应进行的适宜温度为170～300℃，如果还原温度超过300℃，则会发生过度还原而生成单质铁，活性反而下降，因此在进行还原操作时，应严格控制还原温度。

a. 脱硫　若粗煤气中含有有机硫化合物，应先将有机硫化合物转化成无机硫化合物，然后将无机硫化合物进一步除去。

ⅰ. 有机硫转化为无机硫

$$COS+H_2 \rightarrow H_2S+CO$$

ⅱ. 脱除硫化氢

$$Fe_3O_4+3H_2S+H_2 \longrightarrow 3FeS+4H_2O$$

$$FeS+H_2S \longrightarrow FeS_2+H_2$$

b. 脱硫剂再生　在较高温度下，生成的硫化亚铁（FeS）可用蒸汽或氧再生。

$$3FeS+4H_2O \longrightarrow Fe_3O_4+3H_2S+H_2$$

$$2FeS+3.5O_2 \longrightarrow Fe_2O_3+2SO_2$$

脱硫剂再生反应在温度为400～550℃条件下进行，再生介质可用燃烧气加水蒸气稀释空气，也可不加水蒸气。当加水蒸气再生时，再生尾气处理起来比较困难。

③ 中温铁碱法　用于150～180℃下的中温铁碱脱硫剂（$Fe_2O_3 \cdot Na_2CO_3$），在原料气中含有羰基硫（COS）和二硫化碳（CS_2）时，被水解为二氧化硫（SO_2）和三氧化硫（SO_3），最终被吸收成不可再生的硫酸钠（Na_2SO_4）。

④ 高温氧化铁法　高温下用铁酸锌（$ZnFe_2O_3$）脱硫的基本原理如下所示：

$$ZnFe_2O_3+3H_2S \longrightarrow ZnS+2FeS+3H_2O$$

氧化铁法是一种古老的干式脱硫法，早先用于城市煤气净化，经过不断改进，该法的应用范围不断扩大，目前氧化铁法脱硫已从常温扩展到中温和高温领域。为使用方便，将氧化铁脱硫过程按温度不同划分为三种温度区域，并给出了各种温度区域的脱硫特点，如表1-6所示。

表1-6　各种氧化铁脱硫法的特点

方法	脱硫剂组分	使用温度/℃	脱除对象	生成物
常温脱硫	$FeOOH \cdot H_2O$	25～35	H_2S、RSH	$Fe_2S_3 \cdot H_2O$
中温脱硫	Fe_2O_3	350～400	H_2S、RSH、COS、CS_2	FeS、FeS_2
中温铁碱	$Fe_2O_3 \cdot Na_2CO_3$	150～380	H_2S、RSH、COS、CS_2	Na_2SO_4
高温脱硫	$ZnFe_2O_3$	＞500	H_2S	FeS、ZnS

（2）氧化锌干法脱硫基本原理

氧化锌脱硫被广泛地应用于煤化工、石油炼制、饮料生产等行业，以脱除天然气、合成气（$CO+H_2$）、石油馏分、油田气、二氧化碳等原料中的硫化氢（H_2S）及某些有机硫。氧化锌脱硫精度高，可将原料气中的硫脱除至0.05～0.5mg/kg以下。

氧化锌干法脱硫的基本原理如下所示：

$$ZnO+H_2S \longrightarrow ZnS+H_2O$$

$$ZnO+C_2H_5SH \longrightarrow ZnS+C_2H_5OH$$

$$ZnO+C_2H_5SH \longrightarrow ZnS+C_2H_4+H_2O$$

当气体中有氢存在时，羰基硫（COS）、二硫化碳（CS_2）、硫醇（RSH）、硫醚（RSR）等会在一定的反应温度下发生转化反应，生成硫化氢（H_2S）而被氧化锌吸收。

有机硫的转化率与反应温度有一定的比例关系，噻吩（C_4H_4S）类硫化物及其衍生物在氧化锌上与氢发生转化反应的能力很低。因此，单独使用氧化锌不能脱除噻吩（C_4H_4S）类硫化物，需借助于钴钼类催化剂，加氢转化成硫化氢（H_2S）后才能被氧化锌脱硫剂脱除。

（3）活性炭干法脱硫基本原理

用活性炭脱除工业气体中的硫化氢及其有机硫化物的方法，称为活性炭干法脱硫。

活性炭是一种孔隙性大的黑色固体，主要以石墨微晶成分呈不规则排列，属无定形。活性炭中的孔隙大小不是均匀一致的，可分为大孔（200～10000nm）、过渡孔（10～200nm）、微孔（1～10nm），但主要是微孔。

① 脱硫　在室温下，气态的硫化氢与空气中的氧气可发生如下反应：

$$2H_2S+O_2 = 2H_2O+2S$$

在一般条件下，该反应速率较慢，而活性炭对这一反应具有良好的催化作用，并兼有吸附作用。

研究证明，硫化氢与氧在活性炭表面的反应分两步进行。

第一步：活性炭表面化学吸附氧，形成作为催化中心的表面氧化物。该步极易进行。因此，只要工业气体中含少量氧（0.1%～0.5%），便可满足活性炭脱硫的需要。

第二步：气体中的硫化氢分子碰撞活性炭表面，与化学吸附的氧发生反应，生成的硫黄分子沉积在活性炭的孔隙中。

沉积在活性炭表面的硫，对脱硫反应也有催化作用。在脱硫过程中生成的硫，呈多分子层吸附于活性炭的孔隙中，活性炭中的孔隙越大，则沉积于孔隙内表面上的硫分子层越厚，可超过20个硫原子。在微孔中，硫层的厚度一般为4个硫原子。当活性炭失效时，孔隙中基本上塞满了硫。由于活性炭具有很大的空隙性，所以活性炭的硫容量比其他固体脱硫剂大，脱硫性能好的活性炭，其硫容量可超过100%。

活性炭脱硫的反应主要在活性炭孔隙的内表面上进行。水蒸气在活性炭中除存在多分子层的吸附外，还存在毛细管的凝结作用，因此在常温下进行脱硫时，活性炭孔隙的表面上凝结着一薄层水膜。利用硫化氢在水中的溶解作用，使活性炭容易吸附硫化氢，从而使脱硫速度加快，这时硫化氢的氧化作用将在液相水膜中进行，因此当气体中存在足够的水蒸气时，才能使硫化氢更快地被吸附与氧化。

若气体中存在少量氨时，则会使活性炭空隙表面的水膜呈碱性，更有利于吸附呈酸性的硫化氢分子，并能显著地提高活性炭吸附与硫化氢的氧化速率。

活性炭脱除硫化氢气体时，还会有以下副反应产生：

$$2NH_3+2H_2S+2O_2 = (NH_4)_2S_2O_3+H_2O$$

$$2NH_3+H_2S+2O_2 = (NH_4)_2SO_4+H_2O$$

气体中氨的含量越大，在活性炭脱硫过程中越容易生成硫的含氧酸盐。

② 活性炭再生　活性炭作用一段时间后会失去脱硫能力，因活性炭的空隙中聚集了硫及硫的含氧酸盐，需要将这些硫及硫的含氧酸盐从活性炭的孔隙中除去，以恢复活性炭的脱硫性能，即活性炭的再生。优质活性炭可再生循环使用 20～30 次。

活性炭再生的方法主要有以下几种。

a. 较早的方法是利用 S^{2-} 与碱易生成多硫根离子的性质，用硫化铵溶液把活性炭中的硫萃取出来。该法再生彻底，副产品硫黄纯度高（≥99%），但其设备庞大，操作复杂，污染环境。

b. 用加热氮气通入活性炭吸附器，从活性炭吸附器再生出来的硫在 120～150℃变为液态硫放出，氮气循环使用。

c. 用过热蒸汽通入活性炭吸附器，把再生出来的硫经冷凝后与水分离。

d. 用有机溶剂再生。

(4) 高温脱硫

煤气作为燃气轮机的燃料时，为了提高煤的热效率，从气化炉出来的煤气将不降低温度而直接进入燃气轮机，但煤气化时产生的硫化氢（H_2S）、羰基硫（COS）、二硫化碳（CS_2）及氯化氢（HCl）、氰化氢（HCN）、氮氧化合物（NO_x）等组分在高温时进入燃气轮机时，会腐蚀叶片，降低燃气轮机的使用寿命，排放的气体也会污染环境，因此在燃气轮机中，要求煤气中的硫含量低于 20mg/kg。在能源十分紧缺的今天，这就使得煤气的高温脱硫显得非常重要和迫切。

我国是以煤为主要能源的国家，将煤转化为电能等清洁能源，是我国能源的发展趋势。高温脱硫是提高煤炭热利用率的重要步骤，对此我国对高温脱硫也进行了大量的研究，并且取得了一些成果，但仍然处于起步阶段。

高温脱硫目前国外研究比较多，代表性的有氧化锡法、氧化铈法和熔融碳酸盐法，其适应温度区域为 300～900℃。虽然国外发达国家对高温脱硫研究已有二十多年的历史，但至今未能实现工业化。目前以煤为原料的大型电厂，均采用常温湿法脱硫工艺，其主要原因是脱硫剂的粉化、高温煤气脱硫过程中的副反应等方面，其中高温脱硫工艺中的设备材质也是一大难题。

2. 干法脱硫主要影响因素

(1) 氧化铁法

① 温度　常温氧化铁脱硫脱除的主要成分是无机硫化氢（H_2S），脱硫剂的脱硫反应速率与温度有关，温度升高，活性增加；温度降低，活性减小。当温度低于 5～10℃时，脱硫的活性急剧下降。常温型氧化铁脱硫剂的使用温度以 20～40℃为宜。

中温氧化铁脱硫属转化吸收型，先将有机硫分解转化为无机硫，然后再被氧化铁吸收。有机硫加氢分解有一定的温度要求，有些有机硫在 150～250℃就开始热分解，甲硫醇（CH_3SH）在 300℃开始分解，而乙硫醚（$C_2H_5SC_2H_5$）的分解温度为 400℃。当原料气中有机硫含量较高时，适当提高脱硫反应温度，有利于发生有机硫转化为无机硫的氢解反应，从而提高脱硫效率。但为了提高硫化氢（H_2S）的吸收率，进一步降低净化气中硫化氢的浓度，要求采用较低的温度。因此，综合考虑两方面的因素，通常将氧化铁中温脱硫反应的温度控制在 250～300℃。

② 压力　氧化铁脱硫是不可逆反应，故不受压力的影响。但提高压力可提高硫化氢

(H_2S）的浓度，提高脱硫剂的硫容量，同时还可提高设备的空间利用率，减少设备投资。

③ 脱硫剂的粒度　脱硫剂粒度越小，扩散阻力越小，反应速率越快；反之，则脱硫速率越慢。目前，国内常用的低温型氧化铁脱硫剂为圆柱形，直径范围在 3～6mm。

④ 脱硫剂的碱度　为使脱硫反应按下式进行，必须控制脱硫剂为碱性，使脱硫剂易于再生。

$$2FeOOH \cdot H_2O + 3H_2S = Fe_2S_3 \cdot H_2O + 5H_2O$$

⑤ 脱硫剂的水分含量　不同的脱硫剂，最适宜的水分含量也不一样。不论哪种常温氧化铁脱硫剂，都要求有一定的含水量，干燥的无碱脱硫剂几乎没有脱硫活性。若含水量太大，会使孔发生水封现象，使硫化氢（H_2S）向孔内部的扩散变得困难，从而降低脱硫剂的活性。TG 型脱硫剂的最适宜含水量在 5%～15%之间。

⑥ 气体中的氧含量　当气体中有氧存在时，脱硫与再生可同时进行，从而可提高脱硫剂的硫容量，脱硫与再生过程的连续性就好。

⑦ 气体中的二氧化碳（CO_2）含量　虽然活性氧化铁与硫化氢（H_2S）的反应具有很高的选择性，但由于二氧化碳（CO_2）在脱硫剂表面的碱性液膜中可以溶解，从而降低了脱硫剂的 pH 值，也就是降低了脱硫剂的碱性，因而降低了脱硫剂的活性。

除上述因素外，脱硫剂的比表面积和孔径、气体中的含水量、酸性组分、焦油含量等，都对脱硫过程有影响。

(2) 氧化锌法

① 概念理解

a. 硫容　硫容是指在满足脱硫要求的条件下，每 100kg 脱硫剂所能吸收的硫的质量(kg)，它是衡量脱硫剂的一个重要指标。

饱和硫容：即单位体积脱硫剂所能吸收硫的最大容量。换言之，即进脱硫剂和出脱硫剂的原料气中硫含量相等。氧化锌脱硫剂全部转变为硫化锌，脱硫剂不能再吸收硫，此时卸下脱硫剂所测定的硫容量叫饱和硫容。

穿透硫容：即单位体积脱硫剂在确保工艺净化度指标时所能吸收硫的容量。换言之，即当出口气体中硫含量出现大于工艺净化度指标时，卸下全部废脱硫剂取平均代表样测定的硫容量。

b. 空速与线速　单位时间、单位体积催化剂上通过的标准状态下反应器的气体体积，称为空间速度，简称空速。

物体上任一点对定轴作圆周运动时的速度称为“线速度”，简称线速。它的一般定义是质点（或物体上各点）作曲线运动（包括圆周运动）时所具有的即时速度。它的方向沿运动轨道的切线方向，故又称切向速度，它是描述作曲线运动的质点运动快慢和方向的物理量。

② 影响因素

a. 有害杂质　对氧化锌脱硫剂有毒害的杂质主要是氯和砷。氯与脱硫剂中的锌在其表面形成氯化锌薄层，覆盖在氧化锌表面，阻止硫化氢进入脱硫剂内部，从而大大降低脱硫剂的性能。砷对脱硫剂有害，一般应控制在 0.001%以下。

b. 反应温度　一般氧化锌脱除硫化氢在较低温度（200℃）即可很快进行，而要脱除有机硫化物，则要在较高温度（350～400℃）下才能进行。操作温度的选择不仅要考虑反应速率、需要脱除的硫化物种类、原料气中的水蒸气含量等，还要考虑氧化锌脱硫剂的硫容量与温度的关系。提高操作温度可提高硫容量，特别在 200～400℃之间硫容量增加较明显，但不要超过400℃，以防止因烃类的热解而造成结炭现象。

c. 空速与线速　反应物在脱硫剂上的停留时间可以用空间速度（简称空速）来表示。脱硫反应需要一定的接触时间，如果空速太大，反应物在脱硫剂床层上的停留时间就会过短，会使穿透硫容下降。因此，当操作压力较低时，空速应选低些。

氧化锌吸收硫化氢的反应平衡常数很大，如果空速过小，则会导致气体线速度太小，从而使反应变成扩散控制。因此，必须保证一定的线速度，也就是要选择合适的脱硫槽直径，一般要求脱硫槽的高径比大于3。

d. 操作压力　提高操作压力对脱硫有利，可大大提高线速度，有利于提高反应速率。因此，操作压力高时，空速可相应加大。

e. 水蒸气含量　水蒸气的存在对氧化锌脱硫影响不大，但当水蒸气含量较高而温度也高时，会使硫化氢的平衡浓度大大超过对脱硫净化度指标的要求。而且水蒸气高时，还会与金属氧化物反应生成碱。氧化锌最不易发生水合反应，当催化剂中非氧化锌成分较高时，会不同程度降低催化剂的抗水合能力。另外，含硫化合物的类型与浓度等均对脱硫过程有影响。

（3）活性炭法

① 活性炭的质量　活性炭的质量可由其硫容量与强度直接判断，在符合一定强度的条件下，活性炭的硫容量高，其脱硫效果就好。在活性炭中添加某些化合物后，可以显著提高活性炭的脱硫性能，甚至改变活性炭的脱硫产物。能够增大活性炭脱硫性能的化合物有铵或碱金属的碘化物或碘酸盐、硫酸铜、氧化铜、碘化盐、氧化铁、硫化镍等。工业上常用含氧化铁的活性炭净化含硫化氢的气体，活性炭中氧化铁的存在，能显著改进活性炭的脱硫性能，提高硫化氢的氧化速度。

② 氧和氨含量　氧和氨都是直接参与化学反应的物质，对脱除硫化氢来说，工业生产中氧含量一般控制在超过理论量的50%，或者使脱硫后气体中残余氧含量为0.1%。含硫化氢$1g/m^3$的工业气体，活性炭脱硫时，要求氧含量为0.05%，对含硫化氢$10g/m^3$的工业气体，要求含氧0.53%。一般来说，半水煤气含氧0.5%左右，变换气、碳化气及合成甲醇气中的硫化氢含量均在$1g/m^3$以下。所以，在以煤为原料的合成氨厂，使用活性炭脱硫时，都不需要补充氧。

氨易溶于水，使活性炭孔隙内表面的水膜呈碱性，增强了吸收硫化氢的能力。吸收硫化氢时氨的用量很少，一般保持在$0.1\sim0.25g/m^3$，或者相当于气体中硫化氢含量的1/20（摩尔比），便可使活性炭的硫容量提高约一倍。

③ 相对湿度　在室温下进行脱硫时，高的气体相对湿度能提高脱硫效率，最好是气体被水蒸气所饱和。但需要注意的是，进入活性炭吸附器的气体不能带液态水，否则会使活性炭浸湿，从而使活性炭的空隙被水塞满而失去脱硫能力。

④ 脱硫温度　脱硫温度对活性炭脱硫的影响比较复杂，对硫化氢来讲，当气体中存在水蒸气时，脱硫的温度范围为27～82℃，最适宜温度范围为32～54℃。低于27℃时，硫化氢被催化氧化的反应速率较慢；温度高于82℃时，由于硫化氢及氨在活性炭孔隙表面水膜中的溶解作用减弱，也会降低脱硫效果。当气体中存在水蒸气时，则活性炭脱除硫化氢的能力反而随温度的升高而加强。

⑤ 煤焦油及不饱和烃　活性炭对煤焦油有很强的吸附作用。煤焦油不但能够堵塞活性炭的孔隙，降低活性炭的硫容量及脱硫效率，而且还会使活性炭颗粒黏结在一起，增加活性

炭吸附器的阻力，严重影响脱硫过程的进行。另外，气体中的不饱和烃会在活性炭表面发生聚合反应，生成分子量大的聚合物，同样会降低活性炭的硫容量，减少使用时间，并且降低脱硫效率。

3. 干法脱硫主要设备

干法脱硫的主要设备是脱硫槽，常用结构如图 1-71、图 1-72 所示。

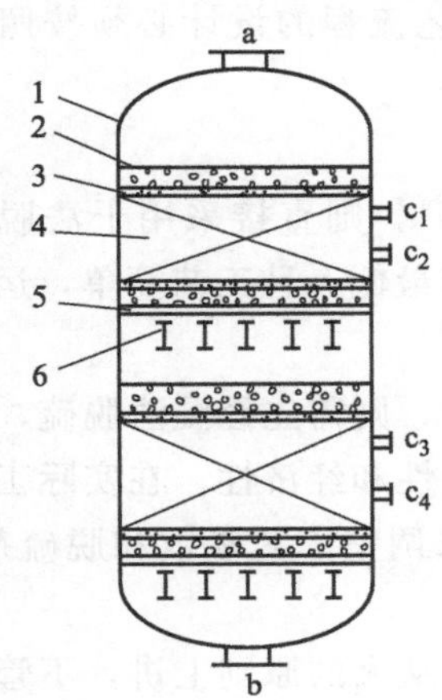

图 1-71　加压脱硫槽

1—壳体；2—耐火球；3—铁丝网；4—脱硫剂；5—箅子板；6—支撑

a—气体进口；b—气体出口；c_1、c_2、c_3、c_4—测温口

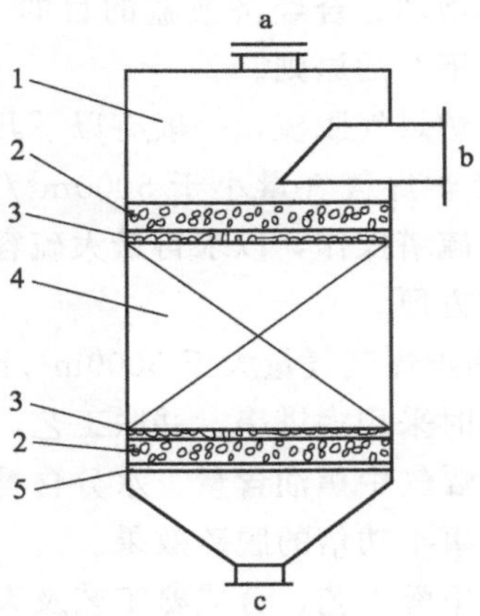

图 1-72　常压脱硫槽

1—壳体；2—耐火球；3—铁丝网；4—脱硫剂；5—托板

a—人孔；b—气体进口；c—气体出口

脱硫槽壳体采用碳钢制造，当脱硫槽用于常温脱硫时，壳体内壁应进行防腐处理。

典型的焦炉煤气脱硫反应器如图 1-73、图 1-74 所示。

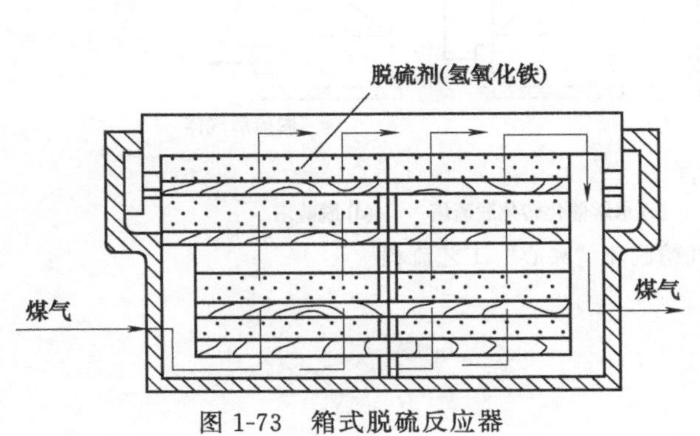

图 1-73　箱式脱硫反应器

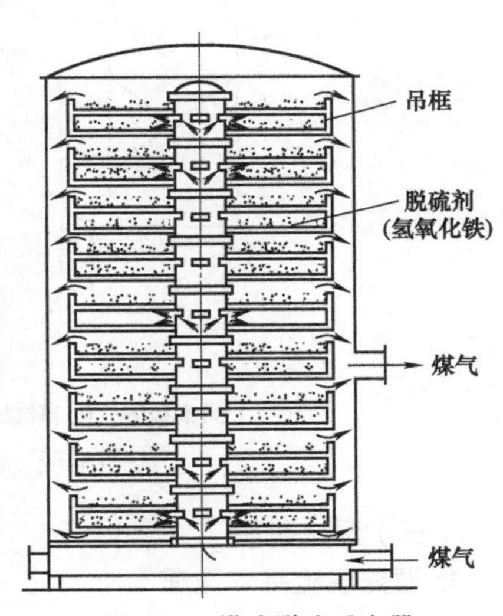

图 1-74　塔式脱硫反应器

其中箱式脱硫箱一般由铸铁、钢板焊制或钢筋混凝土制作，成本较低，但由于气流分布不均匀，八个角体积大，此部分很难有效脱硫，而使整个箱体脱硫剂利用率很低（约 70%），有被逐渐取代的趋势。

4. 干法脱硫工艺流程

干法脱硫工艺流程一般由一个或若干个反应器串、并联操作，有的设有热交换器，有的则不设热交换器，操作压力从常压到高压不等，操作温度为等温。

干法精脱硫工艺的设计必须根据厂家气量的大小、硫含量的多少、气体的组成、各种硫形态的分布情况及厂家的其他工艺单元结构进行合理设计，才能达到既降低脱硫费用又节能降耗，从而增加综合经济效益的目的。因此，干法脱硫工艺流程的设计必须按照“就厂论厂、就事论事”的原则。

对于焦炉煤气脱硫，一般有以下几种情况。

① 若焦炉煤气气量小于 5000m³/h，硫含量小于 6g/m³，则直接采用干法脱硫，利用串、并联脱硫塔操作，以求得最大硫容量。此时，脱硫成本最低，且工艺简单，运行操作费用低，维护方便。

② 若焦炉煤气气量大于 5000m³/h，硫含量大于 6g/m³，则需先经湿法脱硫，再配以干法脱硫，同时采用多塔串、并联工艺，更能保证工艺的安全性和经济性。在实际工作中，还应根据焦炉煤气中焦油含量、水分含量及氧含量的多少，来调整工艺参数和脱硫剂的种类，则更能起到事半功倍的脱硫效果。

在合成甲醇工艺、合成氨工艺及天然气化工等工艺中，从大的原则上讲，不管何种精脱硫工艺，一般均以所谓“夹心”工艺为基础，首先用粗脱硫剂将大部分无机硫和部分有机硫脱除，然后用水解催化剂将难脱除的有机硫水解，转化为无机硫，最后用高效脱硫剂将残余的无机硫和有机硫全部脱除，其流程为：脱硫剂→有机硫水解催化剂→脱硫剂，如图 1-75 所示。

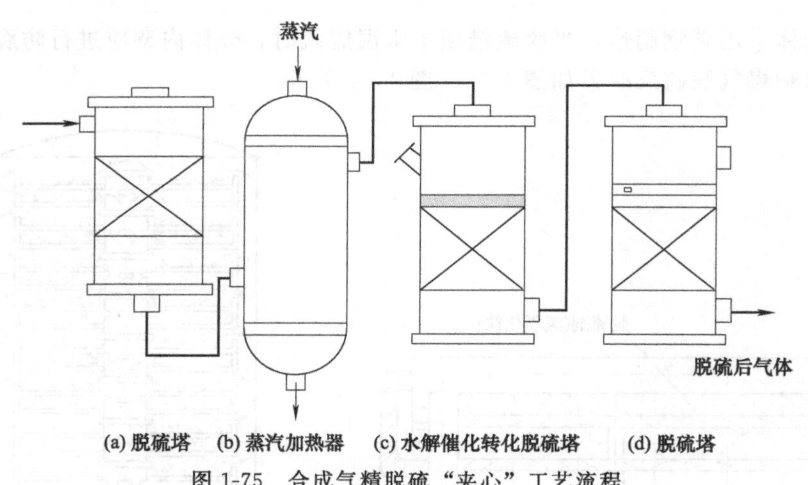

图 1-75　合成气精脱硫“夹心”工艺流程

（三）湿法脱硫

1. 湿法脱硫基本原理

（1）低温甲醇洗法

甲醇（CH_3OH）是一种无色、易挥发、易燃的液体，沸点为 64.5℃，化学性质稳定，不腐蚀设备，是一种有极性的有机溶剂。甲醇对二氧化碳（CO_2）、硫化氢（H_2S）等酸性气体有较大的溶解能力，尤其是低温下其溶解度更大；而对氢气（H_2）、氮气（N_2）、一氧化碳（CO）、甲烷（CH_4）和一氧化氮（NO）的溶解能力甚微，且温度对它们的溶解度影响也不大。因此，通过改变温度和其他工艺参数，甲醇能从原料气中选择性地吸收硫化氢、羰基硫（COS）和二氧化碳等。

低温甲醇洗法是在低温高压的条件下，以甲醇作为吸附剂进行物理吸附的脱硫方法。在低温下，粗煤气中的轻质油蒸气和一部分水汽首先溶解在甲醇中，其次是硫化氢、有机硫化合物和一部分二氧化碳，最后是二氧化碳的最终脱除。因此，低温甲醇洗法一般采用三段洗涤，即预洗、主洗和精洗，它的最大优点是将粗煤气净化的几个工序都集中在一起，从而可以大大简化工艺流程。

（2）改良 ADA 法

改良 ADA 法又称蒽醌二磺酸钠法，它是由英国两个公司共同开发的，1961 年实现工业化，其后该法在世界各国推广应用，主要应用于煤气、天然气、焦炉气及合成气等多种工艺气体的脱硫。

该法最初是在稀碱液中添加 2,6-蒽醌二磺酸钠和 2,7-蒽醌二磺酸钠作载氧体，但反应时间较长，所需反应设备大，硫容量低，副反应大，应用范围受到很大限制。后来，在溶液中添加 0.12%～0.28%的偏钒酸钠（$NaVO_3$）作催化剂，添加适量的酒石酸钾钠（$NaKC_4H_4O_8$）作配位剂，取得了良好的效果，该法开始得到广泛应用，因此又称为改良 ADA 法。

该脱硫法的反应机理可分为以下四个阶段。

① 稀碱液吸收硫化氢（H_2S）生成硫氢化物（NaHS）。该反应在脱硫塔内进行，pH 值控制在 8.5～9.2 范围内。

$$Na_2CO_3+H_2S \xlongequal{} NaHS+NaHCO_3$$

② 在液相中，硫氢化物（NaHS）被偏钒酸钠（$NaVO_3$）迅速氧化成硫（S），而偏钒酸钠被还原成焦钒酸钠（$Na_2V_4O_9$）。

$$2NaHS+4NaVO_3+H_2O \xlongequal{} Na_2V_4O_9+4NaOH+2S\downarrow$$

③ 还原性的焦钒酸钠（$Na_2V_4O_9$）与氧化态的 ADA 反应，生成还原态的 ADA，而焦钒酸钠（$Na_2V_4O_9$）则被 ADA 氧化，再生成偏钒酸钠盐（$NaVO_3$）。

$$Na_2V_4O_9+2ADA（氧化态）+2NaOH+H_2O \rightarrow 4NaVO_3+2ADA（还原态）$$

④ 还原态 ADA 被空气中的氧气氧化成氧化态的 ADA，恢复了 ADA 的氧化性能，恢复活性后的溶液循环使用，反应式如下所示。

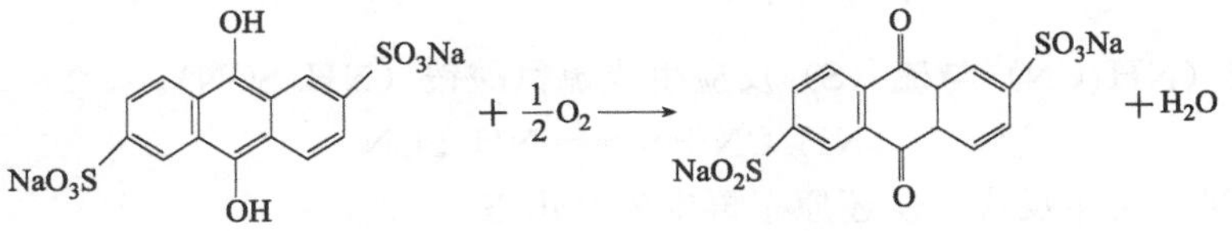

还原态ADA　　　　氧化态ADA

改良 ADA 法反应式中所消耗的碳酸钠（Na_2CO_3），由反应式中生成的氢氧化钠（NaOH）得到了补偿，如下式所示。

$$NaOH+NaHCO_3 \xlongequal{} Na_2CO_3+H_2O$$

当气体中含有二氧化碳、氧气、氰化氢（HCN）等不可避免的杂质时，将会产生下面的副反应，该副反应也会消耗掉一些碳酸钠，因而在进行物料平衡计算时，应把这些反应计入。

$$Na_2CO_3+CO_2+H_2O \xlongequal{} 2NaHCO_3$$

$$2NaHS + 2O_2 = NaS_2O_3 + H_2O$$

$$Na_2CO_3 + HCN + S = NaCNS + NaHCO_3$$

$$2NaCNS + 5O_2 = Na_2SO_4 + 2CO_2 + SO_2 + N_2$$

（3）萘醌法

萘醌法是由德国最早开发的，称为 Perox 法。因其采用氨水作碱性吸收剂，添加少量 NQ（1,4-萘醌-2-磺酸铵）作催化剂，在焦炉煤气生产中，可通过回收焦炉煤气中的氨来实现，较为经济，因而在焦化厂得到应用。中国小型氨厂结合生产实际，对该法做了进一步研究之后，逐步推广于中小型氨厂中的半水煤气脱硫，由于其氨水来源方便，加入少量催化剂后又能回收硫黄，故成为国内小型氨厂的主要脱硫方法。

① 吸收原理

a. 在吸收塔中，当焦炉煤气与吸收液接触时，煤气中的氨首先溶解生成氨水。

$$NH_3 + H_2O = NH_3 \cdot H_2O$$

b. 氨水吸收煤气中的硫化氢（H_2S）和氰化氢（HCN），生成硫氢化铵（NH_4HS）和氰化铵（NH_4CN）。

$$NH_3 \cdot H_2O + H_2S = NH_4HS + H_2O$$

$$NH_3 \cdot H_2O + HCN = NH_4CN + H_2O$$

c. 析硫　生成的硫氢化铵（NH_4HS）被 NQ（1,4-萘醌-2-磺酸铵）氧化，并析出单质硫（S）。

O, SO_3NH_4, O $\quad + 2NH_4HS + 2H_2O \longrightarrow \quad$ OH, SO_3NH_4, OH $\quad + 2NH_3 \cdot H_2O + 2S\downarrow$

② 再生机理　将含有硫氢化铵（NH_4HS）和氰化铵（NH_4CN）的吸收液送入再生塔底部，同时吹入空气（提供氧气），在催化剂的作用下氧化再生。

a. 硫氢化铵（NH_4HS）与氧（O_2）在 NQ（1,4-萘醌-2-磺酸铵）的作用下生成氨水（$NH_3 \cdot H_2O$），并析出硫（S）。

$$NH_4HS + \frac{1}{2}O_2 \xlongequal{NQ} NH_3 \cdot H_2O + S\downarrow$$

b. 氰化铵（NH_4CN）与硫（S）反应生成硫氰酸铵（NH_4SCN）。

$$NH_4CN + S = NH_4SCN$$

c. NQ 也进行再生反应，从还原态再生为氧化态。

OH, SO_3NH_4, OH $\quad + O_2 \longrightarrow \quad$ O, SO_3NH_4, O $\quad + 2H_2O$

d. NQ 再生时，还发生生成硫代硫酸铵［$(NH_4)_2S_2O_3$］及硫酸铵［$(NH_4)_2SO_4$］的副反应。

$$2NH_4HS + 2O_2 \xlongequal{NQ} (NH_4)_2S_2O_3 + H_2O$$

$$NH_4HS + 2O_2 + NH_3 \cdot H_2O \xlongequal{NQ} (NH_4)_2SO_4 + H_2O$$

(4) 栲胶法

栲胶来自于含鞣质的树皮（如栲树、落叶松）、根和茎（如坚木、栗木）、叶（如漆树）和果壳（如橡树果壳），是由许多结构相似的酚类衍生物组成的复杂混合物。栲胶可以无限制地溶于水中，直到最后成为糊状，温度升高，其溶解度增大。栲胶的主要成分为鞣质，约占66%。鞣质分子中含有的羟基对于金属离子有一定的配合作用，在脱硫过程中，既是催化剂又是配位剂，可以有效地防止系统中钒的流失。

栲胶法脱硫的化学反应机理：

① 碱性水溶液吸收 H_2S。

$$Na_2CO_3+H_2S = NaHS+NaHCO_3$$

② 五价钒络离子（V^{5+}）氧化硫氢根离子（HS^-）析出硫黄（S），其本身被还原成四价钒配离子（V^{4+}）。同时，醌态栲胶（TQ）氧化硫氢根离子（HS^-）析出硫黄（S），醌态栲胶（TQ）被还原成酚态栲胶（THQ）。

$$2V^{5+}+HS^- = 2V^{4+}+S\downarrow+H^+$$

③ 醌态栲胶（TQ）氧化四价钒配离子（V^{4+}）为五价钒配离子（V^{5+}），醌态栲胶（TQ）被还原成酚态栲胶（THQ）。

$$TQ+V^{4+}+H_2O = THQ+V^{5+}+OH^-$$

④ 空气中的氧气（O_2）氧化酚态栲胶（THQ），使其再生，同时生成双氧水（H_2O_2）。

$$THQ+O_2 = TQ+H_2O_2$$

⑤ 双氧水氧化四价钒配离子（V^{4+}）和硫氢根离子（HS^-）。

$$H_2O_2+2V^{4+} = 2V^{5+}+2OH^-$$

$$H_2O_2+HS^- = H_2O+S\downarrow+OH^-$$

⑥ 当被处理气体中含有二氧化碳（CO_2）、氰化氢（HCN）、氧气（O_2）时，产生如下副反应：

$$Na_2CO_3+CO_2+H_2O = 2NaHCO_3$$

$$2NaHS+2O_2 = NaS_2O_3+H_2O$$

$$Na_2CO_3+HCN+S = NaCNS+NaHCO_3$$

$$2NaCNS+5O_2 = Na_2SO_4+2CO_2+SO_2+N_2$$

2. 工艺流程

(1) 低温甲醇洗法

两段低温甲醇洗法工艺流程用于合成气的生产，通常第一段在煤气变换工序之前，第二段则在煤气变换工序之后，如图1-76所示。

该流程中，第一吸收塔用于脱除硫化氢（H_2S）和羰基硫（COS），第一再生塔汽提出硫化氢和羰基硫，第二吸收塔则用于脱除煤气中的二氧化碳，第二再生塔汽提出二氧化碳。原料气与由第一吸收塔出来的气体换热而被冷却，并喷入少量甲醇，以防止冻结，然后进入第二吸收塔的底部。由第二再生塔的高压闪蒸来的冷甲醇送到吸收塔的顶部。第一吸收塔出口气中含有极少量的硫化氢和羰基硫，送往变换工序。变换气进入第二吸收塔，在此脱除二氧化碳。由第二吸收塔出来的气体经换热后即为净化气。第一吸收塔吸收硫化氢后的富液在第一再生塔中将酸性气体分离出来，进入硫回收工段进一步回收硫。

甲醇贫液（未吸收硫化氢的甲醇脱硫液）送入第二再生塔的下部，与两段汽提后的甲醇混合，用氮气将残余的二氧化碳提出去。塔底汽提后的甲醇和由塔中部抽出的部分汽提的甲醇都送入第二吸收塔顶部。

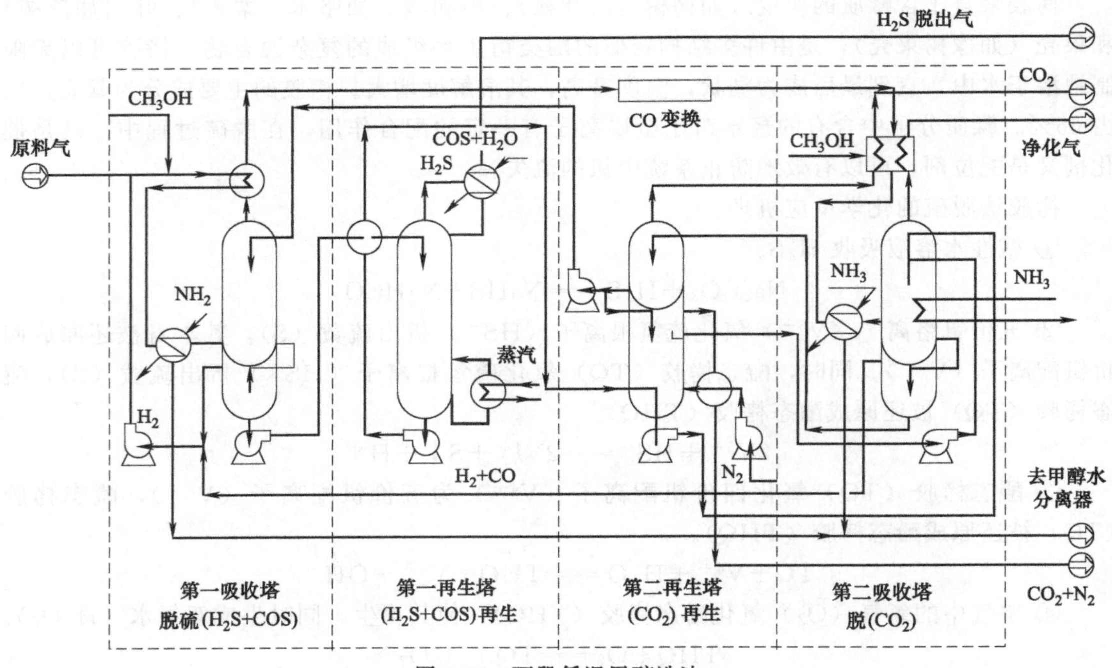

图 1-76　两段低温甲醇洗法

(2) 改良 ADA 法

改良 ADA 法可用于常压和加压条件下的煤气、焦炉气、天然气等工业原料气的脱硫，其工艺流程主要包括硫化氢的吸收、溶液的再生和硫黄的回收三个部分。下面介绍较有代表性的常压改良 ADA 法脱硫及加压 ADA 法脱硫生产工艺流程。

① 常压改良 ADA 法脱硫工艺流程　图 1-77 是脱除合成氨原料气中硫化氢的工艺流程。

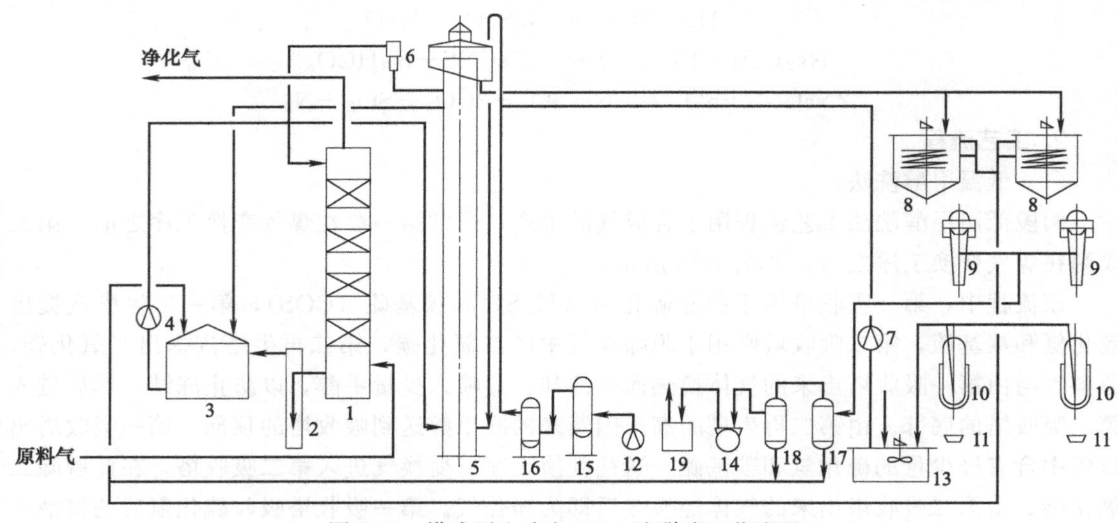

图 1-77　塔式再生改良 ADA 法脱硫工艺流程

1—吸收塔；2—液封；3—溶液循环槽；4—富液泵；5—再生塔；6—液位调节器；7—泵；8—硫黄泡沫槽；9—真空过滤器；10—熔硫釜；11—硫黄铸模；12—空气压缩机；13—溶液加热器；14—真空泵；15—缓冲罐；16—空气过滤器；17—滤液收集器；18—分离器；19—水封

煤气进吸收塔后与从塔顶喷淋的 ADA 脱硫液逆流接触，脱硫后的净化气由塔顶引出，经气液分离器分离后送往下道工序。吸收硫化氢后的富液从塔底引出，经液封进入溶液循环槽，进一步进行反应后，由富液泵经溶液加热器送入再生塔，与来自塔底的空气自下而上并流氧化再生。再生塔上部引出的贫液，经液位调节器返回吸收塔循环使用，再生过程中生成的硫黄被吹入的空气浮选至塔顶扩大部分，并溢流至硫黄泡沫槽，再经过加热搅拌、静置、分层后，硫黄泡沫至真空过滤器过滤，滤液返回循环槽。

② 加压 ADA 法脱硫工艺流程　图 1-78 是加压 ADA 法脱除硫化氢的工艺流程。该流程的操作压力为 17.65MPa，该流程中的吸收塔下部为空塔，上部为填料，煤气从吸收塔（脱硫塔）的下部进入，净化后的气体从吸收塔顶部出来后，经分液罐分离液滴后送至后续工序。从吸收塔底部出来的溶液进入反应槽，在该反应槽中，硫氢化物（NaHS）与偏钒酸钠（$NaVO_3$）的反应全部完成。溶液出反应槽后，减压进入再生塔，同时将空气通入再生塔内，将还原态的 ADA 变为氧化态的 ADA，并使单体硫黄浮集在塔顶，然后溢流到硫黄泡沫槽，再经过滤机分离而得到副产品硫黄。溶液从再生塔的上部出来，经液位调节器后，进入溶液循环槽，再用泵升压送回吸收塔。

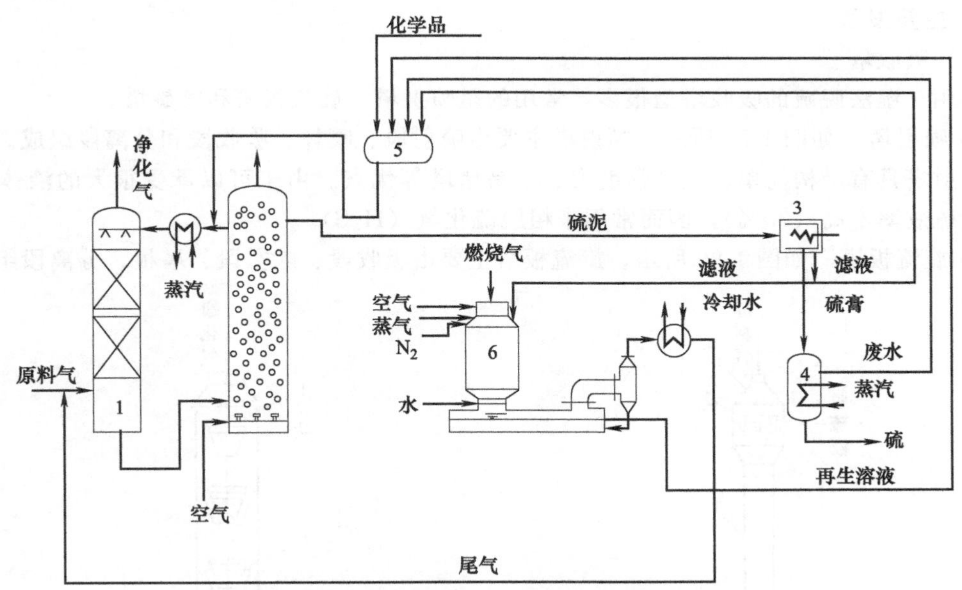

图 1-78　无废液排放的改良 ADA 法脱硫工艺流程

1—H_2S 吸收塔；2—氧化塔；3—过滤机；4—熔硫釜；5—制备槽；6—燃烧炉

（3）萘醌法

萘醌法是一种高效湿式氧化脱硫法，由湿法脱硫、脱硫废液处理两部分组成。

由鼓风机送来的焦炉煤气，经电捕焦油器捕除焦油雾后，即进入本装置的吸收塔。在吸收塔中，当焦炉煤气与吸收液接触时，煤气中的氨首先溶解生成氨水（$NH_3 \cdot H_2O$），然后氨水吸收煤气中的硫化氢（H_2S）和氰化氢（HCN），生成了硫氢化铵（NH_4HS）和氰化铵（NH_4CN）。将含有硫氢化铵（NH_4HS）和氰化铵（NH_4CN）的吸收液送入再生塔底部，同时吹入空气，在催化剂的作用下进行氧化再生。再生后的吸收液回吸收塔循环使用，在循环过程中，吸收液里逐渐积累了反应过程中生成的硫黄（S）、硫氢化铵（NH_4HS）、硫代硫酸铵［$(NH_4)_2S_2O_3$］及硫酸铵［$(NH_4)_2SO_4$］等物质。为使这些化合物在吸收液中的浓度保持稳定，必须提取部分吸收液作为脱硫液送往废液处理装置进行处理。

该法不仅以焦炉煤气中的氨作为碱源，降低了成本，而且在脱硫操作中，可把再生塔内硫黄的生成量限制在硫氢化铵（NH_4HS）生成反应所需要的量的范围内，过剩的硫则氧化成硫代硫酸铵［$(NH_4)_2S_2O_3$］和硫酸铵［$(NH_4)_2SO_4$］。这样，由于再生吸收液中不含固体硫（硫黄），不仅改善了再生设备的操作，而且防止了吸收液起泡，减少了脱硫塔内的压力损失，避免了气阻现象的发生。

（4）栲胶法

改良ADA脱硫方法在操作中易发生堵塞，而且ADA价格十分昂贵，我国栲胶资源丰富，价廉易得，无毒性，脱硫溶液活性好且成本低，脱硫效率大于98%，所析出的硫黄容易浮选和分离，用栲胶取代ADA的栲胶法脱硫，则克服了这两项缺点，而且气体净化度、溶液硫容量、硫回收率等均可与改良ADA法媲美，栲胶法是目前国内使用较多的脱硫方法之一。该工艺的缺点是栲胶需要一个繁杂的预处理过程才能添加到系统中去，否则会造成溶液严重发泡而使生产无法正常进行，但近年来研制出的新产品P型和V型栲胶，可以直接加入系统。山西金象煤化工有限公司、湖南湘氮实业有限公司等采用栲胶法脱硫工艺。

3. 主要设备

（1）吸收塔

可用于湿法脱硫的吸收塔型很多，常用的是喷射塔、旋流板塔和喷旋塔。

① 喷射塔　如图1-79所示，喷射塔主要由喷射段、喷杯、吸收段和分离段组成。

喷射塔具有结构简单、生产强度大、不易堵塔等优点。由于可以承受很大的液体负荷，单级脱硫效率不高（70%），因而常用来粗脱硫化氢（H_2S）。

② 旋流板塔　如图1-80所示，旋流板塔主要由吸收段、除雾段、塔板、分离段组成。

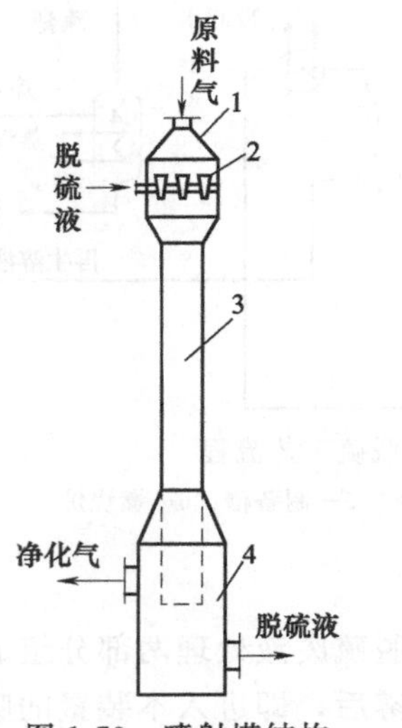

图1-79　喷射塔结构

1—喷射段；2—喷杯；3—吸收段；4—分离段

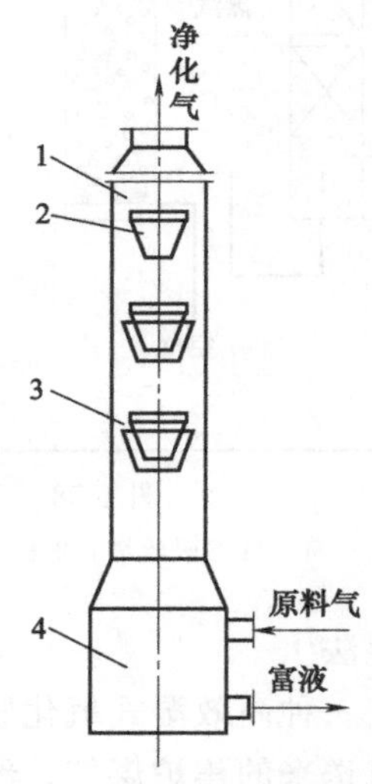

图1-80　旋流板塔结构

1—吸收段；2—除雾段；3—塔板；4—分离段

旋流板塔的空塔气速（由气体体积流量除以塔器横截面积而得，即等于塔器单位截面上通过的气体负荷）为一般填料塔的2～4倍、一般板式塔的1.5～2倍，与湍动塔相近，但达到同样效果时旋流板塔的高度比湍动塔低。从有效体积看，旋流板塔最小，且旋流板塔的压降小，工业上旋流板塔的单板压降一般在98～392Pa之间。旋流板塔操作范围较大，不易堵塞。

③ 喷旋塔　喷旋塔是喷射塔与旋流板塔相结合的复合式脱硫塔，它集并、逆流吸收与粗、精脱硫为一体，因而对工艺过程有更强的适应性。

（2）喷射再生槽

喷射再生槽由喷射器和再生槽组成。喷射器的结构如图 1-81 所示。

再生槽的结构如图 1-82 所示。

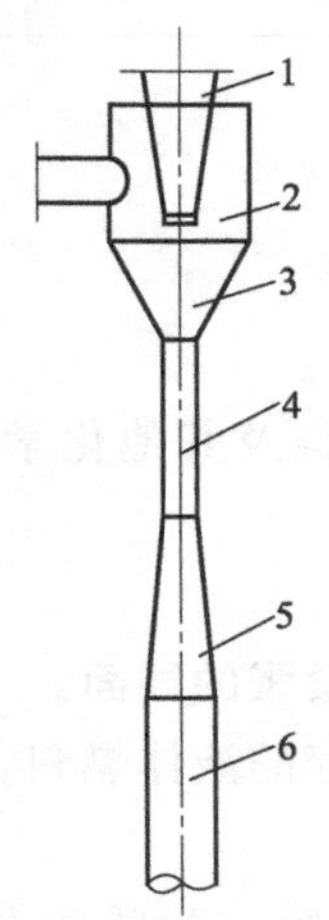

图 1-81　喷射器结构

1—喷嘴；2—吸气室；3—收缩管；4—混合管；5—扩散管；6—尾管

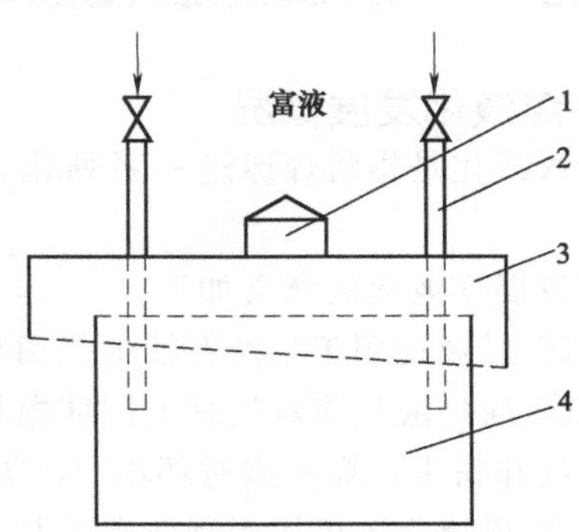

图 1-82　再生槽结构

1—放空管；2—吸气室；3—扩大部分；4—槽体

（3）双级喷射器

如图 1-83 所示，双级喷射器主要由喷嘴、一级喉管、二级喉管、扩大管和尾管组成。

双级喷射器的一级喉管较小，截面比（喷嘴截面与一级喉管截面之比）较大，因而气液基本是同速的，形成的混合液中液体是连续相，气体是分散相，能量交换比较完全。具有一定速度的混合流体从一级喉管喷出，然后进入二级喉管，同时再次自动吸入空气，二级喉管比一级喉管大，气液比也较大，因而气体是连续相，液体是分散相，液体以高速液滴的形式冲击并带动气体，同时进行富液的再生，混合流体由二级喉管流出进入扩散管，将动能转化为静压能，气体压力升高，最后通过尾管排出，尾管也能回收部分能量并进一步再生富液。

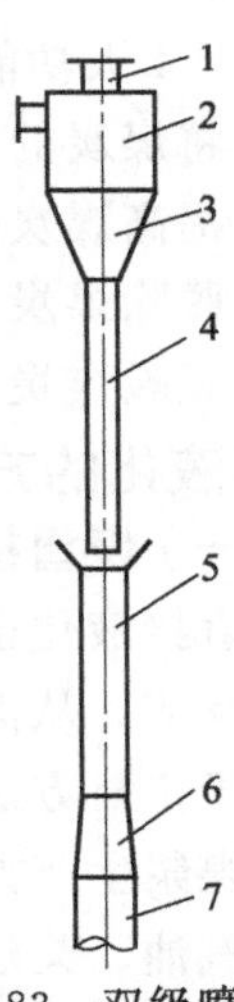

图 1-83　双级喷射器

1—溶液入口；2—吸气室；3—收缩管；4—一级喉管；5—二级喉管；6—扩大管；7—尾管

双级喷射器比单级喷射器投资少，且效益显著，它有如下特点。

① 富液与空气混合好，气液接触表面多次更新，强化了再生过程，提高了再生效率。

② 因二次吸入空气（总空气吸入量比单级喷射器增加一倍），富液射流的能量得到更充分的利用，自吸抽气能力更高，溶液不易反喷。

③ 由于强化了气液接触传质过程，空气量显著减少，因而减轻了再生槽排气对环境的污染，减小了再生槽的有效容积。

④ 由于一级喉管的滑动系数（S_0）接近于1，气液接近同速，因而喉管不易堵塞。

项目二　煤液化

任务一　认识煤液化技术

一、煤液化发展概况

煤液化是指将煤通过一系列化学加工，转化为液体燃料及其他化学品的过程，俗称煤制油。

发展煤液化的意义如下。

① 煤液化用于生产石油的代用品，可以缓解石油资源紧张的局面。

② 通过液化将难处理的固体燃料转变成便于运输、储存的液体燃料，减少了煤中含硫、氮化物和粉尘、煤灰渣对环境的污染。

③ 煤液化还可用于制取碳素材料、电极材料、碳素纤维、针状焦及有机化工产品等，以煤化工代替部分石油化工，扩大煤的综合利用范围。

根据煤炭与石油化学结构和性质的区别，要把固体的煤转化成液体的油，煤炭液化必须具备以下 4 大功能：

① 将煤炭的大分子结构分解成小分子；

② 提高煤炭的 H/C 原子比，以达到石油的 H/C 原子比水平；

③ 脱除煤炭中氧、氮、硫等杂原子，使液化油的质量达到石油产品的标准；

④ 脱除煤炭中无机矿物质。

二、煤液化的方法

（一）煤直接液化

煤直接液化也称为加氢液化，是指在高温、高压、催化剂和溶剂作用下，煤进行裂解、加氢等反应，从而直接转化为分子量较小的液态烃和化工原料的过程。

由于供氢方法和加氢深度的不同，有不同的直接液化方法，如高压加氢法、溶剂精炼煤法、水煤浆生产方法等。加氢液化产物称为人造石油，可进一步加工成各种液体燃料，如洁净优质汽油、柴油和航空燃料等。

（二）煤间接液化

煤间接液化是指首先将煤气化制成合成气（主要为 CO 和 H_2），然后通过催化剂作用将合成气合成燃料油和其他化学产品的过程。

（三）煤部分液化

煤部分液化即低温干馏法，是指煤在较低温度下（500～600℃）隔绝空气加热，使煤中部分大分子裂解为石油产品（轻油、焦油等）、半焦、化工产品、干馏煤气等的过程。

煤低温干馏的大量产物是半焦，少量的产物是油和煤气。

三、液化用煤种的选择

一般说来，除无烟煤不能液化外，其他煤均可不同程度地液化。煤炭加氢液化的难度随煤的变质程度的增加而增加，即泥炭＜年轻褐煤＜褐煤＜高挥发分烟煤＜低挥发分烟煤。从抽取液体燃料的角度出发，适宜加氢液化原料煤是高挥发分烟煤和褐煤。

煤中挥发分的高低是煤阶高低的一种表征指标，越年轻的煤挥发分含量越高，越易液化，通常选择挥发分含量大于35%的煤作为直接液化煤种。另外，变质程度低的煤H/C原子比相对较高，易于加氢液化，并且H/C原子比越高，液化时消耗的氢越少，通常H/C原子比大于0.8的煤作为直接液化用煤。还有煤的氧含量高，直接液化中氢消耗量就大，水产率就高，油产率相对偏低。所以，从制取油的角度出发，适宜的加氢液化原料是高挥发分烟煤和老年褐煤。

四、煤液化主要产品

煤液化主要产品为汽油、柴油、喷气燃料、石脑油以及液化石油气（liquefied petroleum gas，LPG）、乙烯等重要化工原料，副产品有硬蜡、氨、醇、酮、焦油、硫黄、煤气等。其中液化石油气LPG是石油产品之一，是从油气田开采、炼油厂和乙烯工厂中生产的一种无色、挥发性气体，LPG的主要组分是丙烷（超过95%），还有少量的丁烷，主要应用于汽车、城市燃气、有色金属冶炼和金属切割等行业。

间接液化的产品可以通过选择不同的催化剂而加以调节，既可以生产油品，又可以根据市场需要加以调节，生产上百种附加值高、价格高、市场紧缺的化工产品。

煤间接液化得到的汽油、柴油等均为优质产品，其中硫、氮含量均远低于商品油标准，质量可达到甚至超过商品油标准。汽油、柴油和航空煤油的主要用途是作发动机燃料；LPG可作为民用及工业燃料、发动机燃料；乙烯、丙烯是生产聚乙烯和聚丙烯或其他聚合物的重要化工原料。

任务二 煤直接液化技术

一、煤直接液化原理

煤直接液化过程是煤的大分子结构在一定温度和氢压下裂解成小分子液体产物的反应过程。

煤在加氢液化过程中的化学反应极其复杂，它是一系列顺序反应和平行反应的综合，主要发生下列四类化学反应。

（一）煤热裂解反应

煤在加氢液化过程中，加热到一定温度（300℃左右）时，煤的化学结构中键能最弱的部位开始断裂呈自由基碎片：

$$\text{煤} \xrightarrow{\text{热裂解}} \text{自由基碎片} \Sigma R \cdot$$

随着温度的升高，煤中一些键能较弱和较强的部位也相继断裂呈自由基碎片，主要反应可用以下反应式表示：

$$R—CH_2—CH_2—R' \longrightarrow R—CH_2 \cdot + R'—CH_2 \cdot$$

$$R—CH_2 \cdot + R'—CH_2 \cdot + (H_2—2H) \longrightarrow R—CH_3 + R'—CH_3$$

（二）加氢反应

在加氢液化过程中，由于供给充足的氢，煤热解的自由基碎片与氢结合，生成稳定的低分子，反应如下：

$$\Sigma R \cdot + H \longrightarrow \Sigma RH$$

（三）脱氧、硫、氮杂原子反应

加氢液化过程中，煤结构中的一些氧、硫、氮也产生断裂，分别生成 H_2O（或 CO_2、CO）、H_2S 和 NH_3 气体而脱除。煤中杂原子脱除的难易程度与其存在形式有关，一般侧链上的杂原子较环上的杂原子容易脱除。

煤结构中的氧主要以醚基、羟基、羧基、羰基、醌基和杂环等形式存在。醚基、羧基、羰基、醌基等在较缓和的条件下就能断裂脱去，羟基则一般不会被破坏，需要在比较苛刻的条件下（如高活性催化剂）才能脱去，芳香醚与杂环氧一样不易脱除。脱氧率最高可达60％左右。

煤结构中的硫以硫醚、硫醇和噻吩等形式存在。加氢液化过程中，脱硫和脱氧比较容易进行，脱硫率一般在40％～50％。

煤中的氮大多存在于杂环中，少数为氨基，与脱硫和脱氧相比，脱氮要困难得多，一般需要激烈的反应条件和有催化剂存在时才能进行，而且是先被氢化后再进行脱氮，耗氢量大。

（四）缩合反应

在加氢液化过程中，由于温度过高或供氢不足，煤热解的自由基碎片或反应物分子会发生缩合反应，生成分子量更大的产物。

缩合反应将使液化产率降低，是煤加氢液化中不希望进行的反应。为了提高液化产率，必须严格控制反应条件和采取有效措施，抑制缩合反应。

二、煤直接液化催化剂

（一）催化剂的作用

催化剂在煤液化过程中起着极其重要的作用，是影响煤液化成本的关键因素之一，催化剂之所以能加速化学反应的进行，是因为它能降低反应所需的活化能。

催化剂主要有以下作用：

① 催化剂能够活化反应物，加速加氢反应速率，提高煤炭液化的转化率和油收率；

② 催化剂能够促进溶剂的再氢化和氢源与煤之间的氢传递；

③ 催化剂要具有选择性。

（二）煤加氢液化催化剂种类

1. 廉价可弃性催化剂

廉价可弃性催化剂主要有赤泥、天然硫铁矿、冶金飞灰、高铁煤矸石等，因价格便宜，在液化过程中一般只使用一次，在煤浆中它与煤和溶剂一起进入反应系统，再随反应产物排出，经固液分离后与未转化的煤和灰分一起以残渣形式排出液化装置。

2. 高价可再生催化剂

高价可再生催化剂一般是以多孔氧化铝或分子筛为载体，以钼和镍为活性组分的颗粒状催化剂，它的活性很高，可在反应器内停留比较长的时间。随着使用时间的延长，它的活性会不断下降，所以必须不断地排出失活后的催化剂，同时补充新的催化剂。从反应器排出的使用过的催化剂经过再生（主要是除去表面的积炭和重新活化），或者重新制备，再加入反应器内。由于煤的直接液化反应器是在高温高压下操作，催化剂的加入和排出必须有一套技术难度较高的进料、出料装置。

3. 超细高分散铁系催化剂

多年来，在许多煤直接液化工艺中，使用的常规铁系催化剂（如 Fe_2O_3 和 FeS_2 等）的粒度一般在数微米到数十微米范围，加入量高达干煤的3%，由于分散不好，催化效果受到限制。20世纪80年代以来，人们发现如果把催化剂磨得更细，在煤浆中分散得更好些，不但可以改善液化效率，减少催化剂用量，而且液化残渣以及残渣中夹带的油分也会下降，可以达到改善工艺条件、减少设备磨损、降低产品成本和减少环境污染的多重目的。

4. 金属卤化物催化剂

W. Kawa等比较仔细地对比研究了多种金属卤化物催化剂对煤炭加氢液化的作用，试验结果显示，ZnI_2、$ZnBr_2$及$ZnCl_2$的效果最好。使用卤化物催化剂的重大难题是腐蚀性严重，至今尚未很好地解决。同时需要注意的是，卤化物与Na或K起作用，所以煤中若含有大量Na或K时，则会使催化剂损失增大，通常金属卤化物催化剂不适用于褐煤加氢液化。

5. 助催化剂

不管是铁系一次性可弃催化剂还是钼、镍系可再生性催化剂，它们的活性形态都是硫化物。但在加入反应系统之前，有的催化剂呈氧化物形态，所以还必须转化成硫化物形态。铁系催化剂的氧化物转化方式是加入元素硫或硫化物与煤浆一起进入反应系统，在反应条件下元素硫或硫化物先被氢化为硫化氢，硫化氢再把铁的氧化物转化为硫化物；钼镍系载体催化剂是先在使用之前用硫化氢预硫化，使钼和镍的氧化物转化成硫化物，然后再使用。为了在反应时维持催化剂的活性，气相反应物料主要是氢气，但必须保持一定的硫化氢浓度，以防止硫化物催化剂被氢气还原成金属态。

硫是煤直接液化的助催化剂，有些煤本身含有较高的硫，就可以少加或不加助催化剂。煤中的有机硫在液化反应过程中形成的硫化氢同样是助催化剂，所以低阶高硫煤是适用于直接液化的。换句话说，煤的直接液化适用于加工低阶高硫煤。此外，少量Ni，Co，Mo作为Fe的助催化剂可以起协同作用。

目前，世界上煤直接液化催化剂正向着高活性、高分散、低加入量与复合型方向发展。

三、煤直接液化设备

煤直接液化是在高压和比较高的温度下的加氢过程，所以工艺设备及材料必须具有耐高压以及临氢条件下耐氢腐蚀（钢中C生成CH_4）等性能。

（一）直接液化反应器

直接液化反应器是液化工艺中的核心设备，它是一种气（高压氢）、液（油）、固（煤浆多相体系）三相浆态鼓泡床反应器，实际上是能耐高温（470℃左右）、耐高压（30MPa）、耐氢腐蚀的圆柱形容器，气液相进料均从反应器底部进入，出料均从顶部排出。工业化生产装置反应器的最大尺寸取决于制造商的加工能力和运输条件，一般最大直径在4m左右，高度可达30m以上。

反应器按结构形式不同可分为冷壁式和热壁式两种形式。

冷壁式反应器在耐压筒体的内部有隔热保温材料，保温材料内侧是耐高温、耐硫化氢腐蚀的不锈钢内胆，但它不耐压，所以在反应器操作时保温材料夹层内必须充惰性气体至操作压力。冷壁式反应器的耐压壳体材料一般采用高强度锰钢。

热壁式反应器的隔热保温材料在耐高压筒体的外侧，所以实际操作时反应器筒体壁处于高温下。热壁式反应器因耐压筒体处在较高温度下，筒体材料必须采用特殊的合金钢（如21/4Cr1MoV或3Cr1MoVTiB），内壁再堆焊一层耐硫化氢腐蚀的不锈钢。中国第一重型机械集团公司在20世纪80年代已研制成功热壁式反应器，目前大型石油加氢装置上使用的绝大多数是热壁式反应器。

（二）煤浆预热器

煤浆预热器的作用是在煤浆进入反应器前，把煤浆加热到接近反应温度。采用的加热方式是：小型装置采用电加热，大型装置采用加热炉。

（三）高温气体分离器

反应产物和循环气的混合物，从反应塔出来，进入高温气体分离器。在高温气体分离器中气态和蒸气态的烃类化合物与由未反应的固体煤、灰分和催化剂组成的固体物和凝缩液体分开。在高温气体分离器中，分离过程是在高温（约 455℃）下进行的。气体和蒸气从设备的顶端引出，聚集在分离器底部（锥形部分）的液体和残渣进入残渣冷却器。为了防止在液体出来和排除残渣时漏气，在分离器底部自动地维持一定的液面。

（四）高压换热器

煤直接液化系统用的换热器压力高，并且含有氢气、硫化氢和氨气等腐蚀性介质，需要使用特殊结构的换热器，根据石油加工工业的长期运行结果，采用螺纹环锁紧式密封结构高压换热器较为合适。

该换热器的优点：

① 密封性能可靠；

② 拆装方便；

③ 金属用量少；

④ 结构紧凑，占地面积小。

（五）减压阀

煤直接液化装置的分离器底部出料时压力差很大，必须要从数十兆帕减至常压，并且物料中还含有煤灰及催化剂等固体物质，所以排料时对阀芯和阀座的磨蚀相当严重，因此减压阀的寿命成了液化装置的一个至关重要的问题。

四、煤直接液化技术

煤直接液化过程是将煤预先粉碎到 0.15mm 以下的粒度，再与溶剂（煤液化自身产生的重质油）配成煤浆，并在一定温度（约 450℃）和高压下加氢，使大分子变成小分子的过程。

煤炭液化的反应历程如图 2-1 所示。

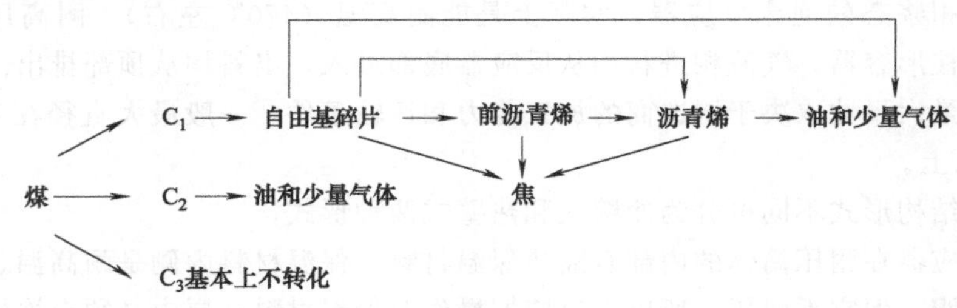

图 2-1　煤炭液化的反应历程

C_1—煤有机质的主体；C_2—存在于煤中的低分子化合物；C_3—惰性成分

在实际工艺中，煤直接液化过程通常是将预处理好的煤粉、溶剂（通常循环使用）和催化剂（有的工艺不需要催化剂）按一定比例配成煤浆，然后经过高压泵，与同样经过升温加压的氢气混合，再经加热设备预热到 400℃左右，共同进入具有一定压力的液化反应器中，进行重质液化。

煤直接液化工艺一般分为两大类：单段液化（SSL）和两段液化。典型的单段液化工艺，主要是通过单一操作条件的加氢液化反应器来完成煤液化过程；两段液化是指煤在两种不同反应条件的反应器中加氢反应，如图 2-2 所示。

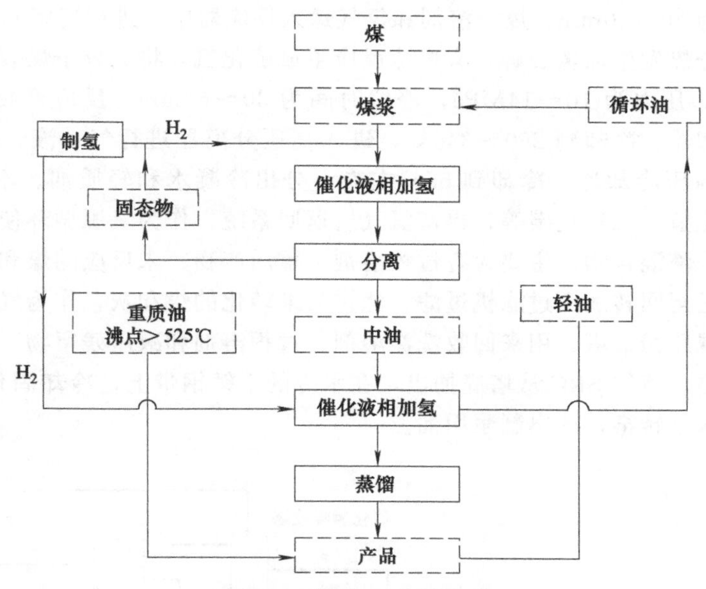

图 2-2　德国 IG 工艺流程

在单段液化工艺中，由于液化反应相当复杂，存在着裂解和缩聚等各种竞争反应，特别是当液化反应过程中提供的氢气，不能满足于单段反应过程的最佳需要时，不可避免地引起其中自由基碎片的交联和缩聚等逆反应过程，从而影响最终液化油的产率。

两段液化工艺将液化工程分成两段，给予不同的反应条件。在第一段中，采用相对温和的条件，可加入或不加入催化剂，主要目的是将煤液化，获得产率较高的重质油馏分。在第二段中，采用活性高的催化剂，将第一段生成的重质产物进一步液化。两段液化工艺，既可以显著地减少煤化反应中的逆反应过程，而且在煤的适应性、液化产物的选择性和质量上有明显的提高。

除了反应器中的液化反应外，完整的直接液化工艺还包括产物的分离、提纯精制以及残渣气化等过程。

由于受两次世界石油危机的影响，美国、德国、英国、日本和苏联等国家重新重视煤直接液化的新技术开发工作，纷纷组织了一批科研开发机构及企业开展了大量的研究开发工作，相继开发了多种工艺，其中最具代表性的工艺有以下几种：

（一）溶剂精制煤工艺（solvent refining of coal，SRC）

溶剂精制煤工艺是由美国煤炭研究局（OCR）于 1962 年与 Spencev 化学公司联合开发的煤直接加氢液化工艺，它是现代煤液化方法中较简单的一种方法，最初是为了洁净利用美国高硫煤而开发的一种生产以重质燃料油为目的的煤液化转化技术。该技术是在较高的压力和温度下，将煤用供氢溶剂萃取加氢，生产清洁的低硫、低灰的固体燃料和液体燃料，生产过程中不使用催化剂，反应条件比较温和，利用煤自身的黄铁矿，将煤转化为低灰低硫、常温下为固体的 SRC-Ⅰ。在 SRC-Ⅰ工艺基础上后来又改进工艺，采用增加残渍循环，减压蒸馏方法进行固液分离，获得常温下也是液体的重质燃料油，即 SRC-Ⅱ。

图 2-3 为 SRC-Ⅰ法工艺流程图。将粒度小于 0.3mm、水分小于 2%的干煤粉与过程溶剂混合制成质量比为 1.5∶3 的煤浆，煤浆用高压泵加压到系统压力后，与压缩氢气混合，在预热器中加热到接近反应温度后，喷入反应器。进料在预热器内的停留时间比反应器内短，总反应时间为 20～60min。煤、溶剂和氢气送入反应器中，进行溶解和抽提加氢液化反应，已溶解的部分煤发生加氢裂解，有机硫反应生成硫化氢，将大分子煤裂解，反应温度一般为 400～450℃，压力为 10～14MPa，停留时间为 30～60min。反应产物离开反应器后，进入反应产物冷却器，冷却到 260～340℃，进入高压分离器进行气、液、固相分离，分离出的气体再经过高压冷却器，冷却到 65℃左右，分出冷凝水和轻质油。不凝气体经洗涤，脱除气态烃、硫化氢、二氧化碳等，得富氢气后返回系统，作为氢源循环使用。自高压分离器底部排出的固、液混合物，主要含有过程溶剂、重质产物、未反应的煤和灰等。经闪蒸得到的塔底产物，送至回转加压过滤机过滤，滤饼为未转化的煤和灰，作为气化原料用来制取氢气；滤液送到减压精馏塔，用来回收洗涤溶剂、过程溶剂和减压残留物，减压残留物即为溶剂精炼煤的产物。液体 SRC 从塔底抽出，在水冷的不锈钢带上，冷却固化为固体 SRC 产品，滤饼再送到水平转窑，蒸出制浆用油。

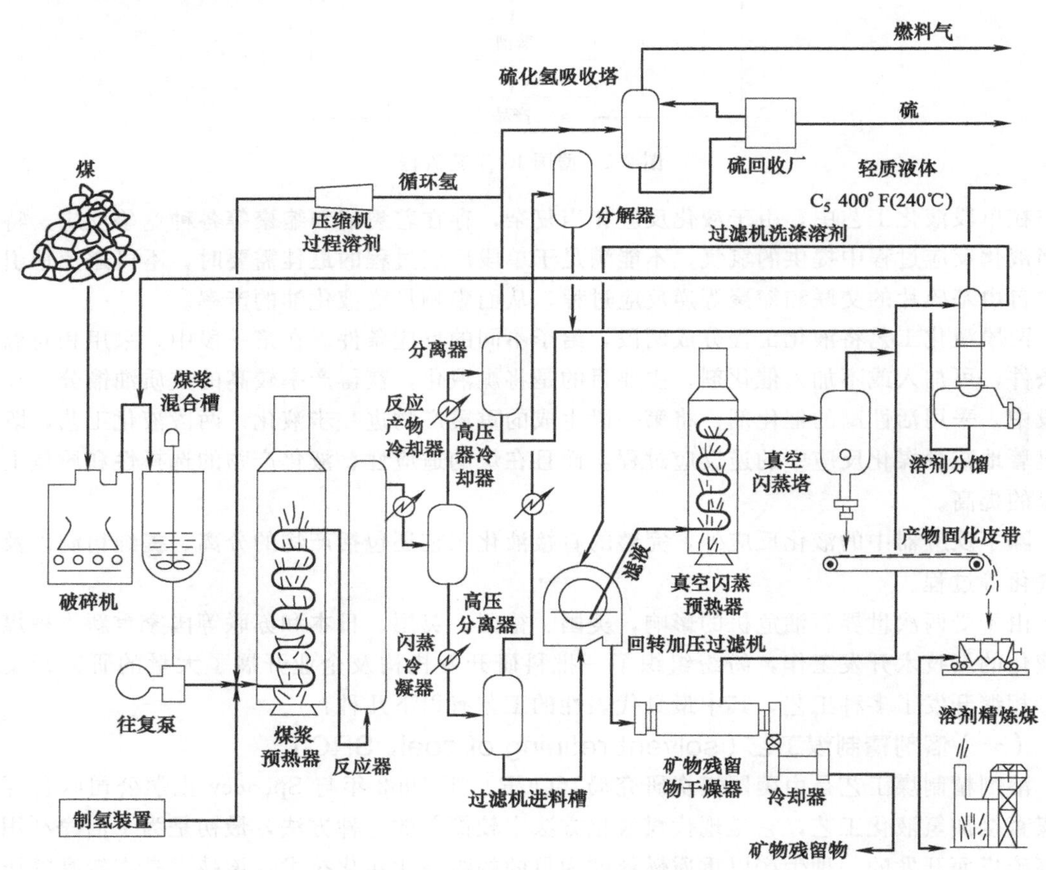

图 2-3　SRC-Ⅰ法工艺流程

图 2-4 为 SRC-Ⅱ法工艺流程图。该工艺的特点是：将气液分离器排出的含有固体的煤溶浆用作循环溶剂。经粉碎和干燥后的煤，与循环溶剂混合制浆，煤浆混合物用泵加压到约 14MPa，再与氢一起预热到 371～399℃，然后送入反应器，反应热将反应物温度升高到

440～466℃。为了控制反应温度，从反应器的不同位置喷入冷氢。溶解器流出物分成蒸气和液相两部分，顶部蒸气经一组换热器和分离器予以冷却，冷凝液在分馏工序进行蒸馏，气相产物脱除硫化氢、二氧化碳和气态烃后，富氢气返回系统，与新鲜氢气一起进入反应器。含固体的液相产物，用作 SRC-Ⅱ法的溶剂，该物流的一部分返回，用于煤浆的制备。制得的液相产物，在产物分馏系统中蒸馏，以回收低硫燃料油产物，馏出物的一部分也返回，用于煤浆的制备。来自减压塔的不可蒸馏残留物，含有未转化的煤和灰，用于气化制氢。

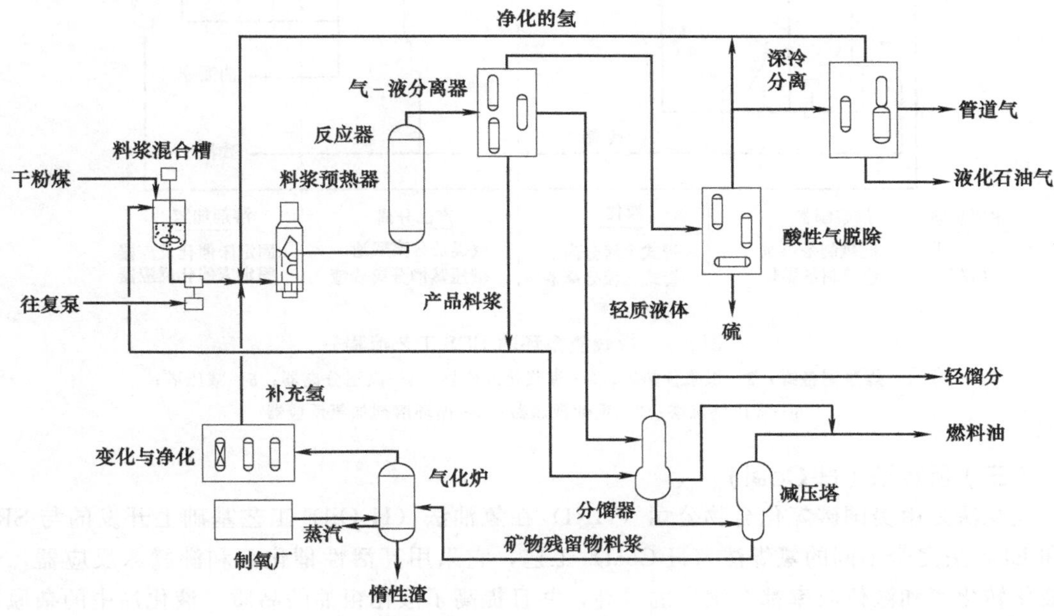

图 2-4　SRC-Ⅱ法工艺流程图

（二）供氢溶剂法（EDS）

供氢溶剂法是美国埃克森研究和工程公司于 1966 年首先开发使用供氢溶剂的煤液化工艺。在液化反应组分中不加催化剂，从而避免了煤中矿物质对催化剂的毒害作用，延长了高性能活性催化剂的使用寿命。其与 SRC 法的区别是对循环溶剂单独进行催化加氢，从而提高了溶剂的供氢能力，液化油率提高，主要产品是轻质油和中质油。

图 2-5 为带残渣循环的 EDS 工艺流程图。在煤浆混合器内，从固定床加氢反应器送来的循环溶剂、煤粉和部分残渣混合，用泵送至预热器预热至 425℃。预热后的煤浆与氢气混合后，一起进入煤液化反应器，操作温度为 427～470℃，压力为 10～14MPa。由于循环溶剂加氢后，其供氢能力提高，液化反应不需加催化剂，且条件比较温和。反应后的液化产物经高温分离器、常压蒸馏塔后，得到石脑油产品。同时，一部分馏分油送入固定床循环溶剂加氢反应器中，在 Co-Mo 和 Ni-Mo 催化剂的作用下，使已失去大部分活性氢的循环溶剂重新加氢，以提高其供氢能力。从蒸馏塔底排出的残渣，回送到循环溶剂中，以提高馏分油产率。EDS 工艺的另外一个特点是它的灵活焦化装置，该装置通常用于石油渣油的工艺中，主要是由流化焦化和流化气化反应器集成构成的。当 EDS 系统残渣不循环时，残渣进入灵活焦化装置，在提高液化油产率的同时，还可以增加低热值燃气和焦炭的产率。当其与残渣循环工艺结合时，又可达到灵活调节液化油产物分布的目的。

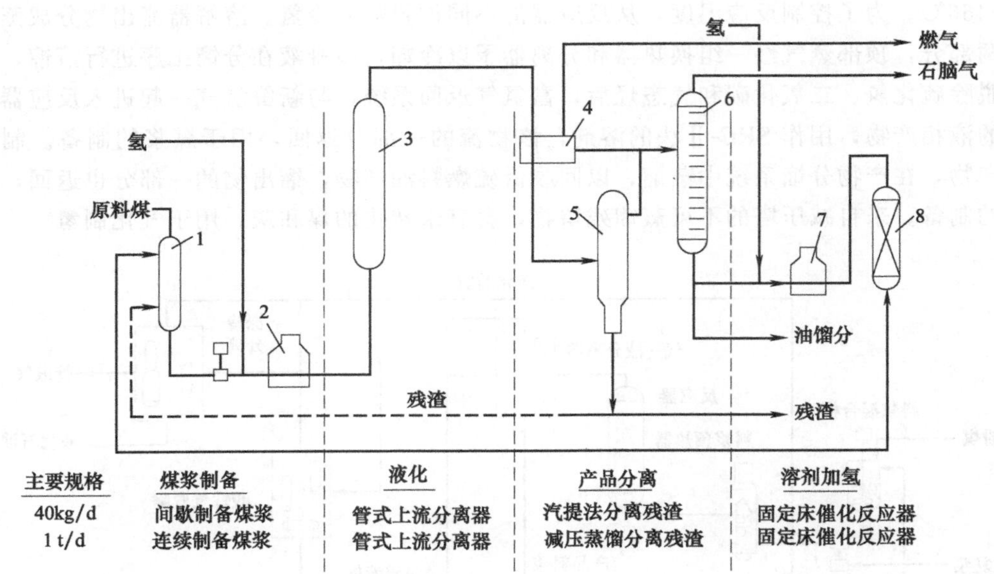

图 2-5 带残渣循环的 EDS 工艺流程

1—煤浆制备罐；2—煤浆预热器；3—煤浆化反应器；4—高温分离器；5—减压塔；6—常压整流塔；7—重油预热器；8—循环溶剂加氢反应器

（三）氢煤法（H-Coal）

氢煤法是由美国碳氢化合物公司（HRI）在氢油法（H-Oil）工艺基础上开发的与 SRC 法和 EDS 法完全不同的氢煤法（H-Coal）工艺，它采用高活性催化剂和沸腾床反应器，使得液化转化率和液体收率都有很大的提高，并且提高了液化粗油的品质，液化油中的杂原子含量也降低了。

图 2-6 为 H-Coal 法工艺流程图。其工艺包括煤浆制备、液化反应、产物分离和液化油精制等组成部分。首先，煤浆与氢气混合后，一起预热到 400℃，然后送入流化床催化反应器内，反应器的操作温度为 427～455℃，反应压力为 18.6MPa，料浆在反应器内停留 30～60min。由于煤加氢液化反应是强放热过程，因此，反应器出口处的产物温度比进口处的高 66～150℃。反应产物离开反应器后，经过热分离器到闪蒸塔，塔底产物经水力旋流分离器，含固体少的浆液用作循环溶剂制备煤浆，含固体多的浆液经减压蒸馏后，重油循环使用，残渣则进行气化制氢。

H-Coal 法的核心设备是催化流化床反应器，该反应器为气、液、固三相流化床，床内装有 Ni-Mo/Al_2O_3固体催化剂，液相通过底部的循环泵，在反应器内循环，并使固体催化剂处于流化状态。这样可使反应器内部温度分布均匀，增加反应器的容积使用率，还可以防止未液化的煤粉或灰分在底部沉积。

（四）德国 IGOR 工艺

德国 IGOR 工艺是由德国环保与原材料回收公司与德国矿冶技术检测有限公司（DMT）在德国老工艺的基础上开发的煤加氢液化与加氢精制一体化联合工艺，原料煤经该工艺液化后，可直接得到加氢裂解及催化重整工艺处理的合格原料，从而改变了以往煤加氢液化制备合成油还需再单独进行加氢精制工艺处理的传统液化模式。后来 IGOR 工艺又将煤浆加氢和液化粗油加氢精制串联，既简化工艺，又可获得杂原子含量很低的精制油，代表着煤直接

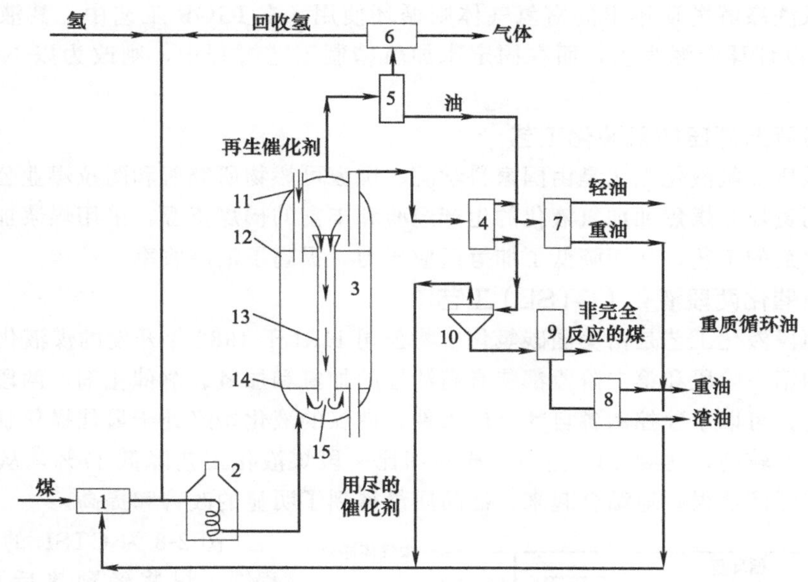

图 2-6　H-Coal 工艺流程

1—煤浆制备；2—预热器；3—反应器；4—闪蒸塔；5—冷分离器；6—气流洗涤塔；7—常压蒸馏塔；8—减压蒸馏塔；9—液固分离器；10—旋流器；11—聚状反应物料液位；12—催化剂上限；13—循环管；14—分布板；15—搅拌螺旋桨

液化技术的发展方向。

图 2-6 为德国 IGOR 直接液化工艺流程图。该流程可以分为煤浆制备、液化反应、两段催化剂加氢、液化产物分离和常减压蒸馏等工艺过程。制得的煤浆与氢气混合后，经预热器进入液化反应器，反应器操作温度仍为 470℃，但反应压力降到了 30MPa。反应器顶端排出的液化产物进入到高温分离器，在此将轻质油气、难挥发的重质油及固体残渣等分离开来。其中，分离器下部的真空闪蒸塔代替了 IG 法的离心分离器，重质产物在此分离成残渣和闪蒸油，残渣进入气化制氢工序，闪蒸油则与从高温分离器分离出的气相产物，一并送入第一固定床加氢反应器，反应器温度为 350～420℃。加氢的产物进入中温分离器，从底部排出的重质油作为循环溶剂使用，从顶部出来的馏分油气，送入第二固定床反应器再次加氢处理，得到的加氢产物送往气液低温分离器，从中分离的轻质油气送入气体洗涤塔，回收其中

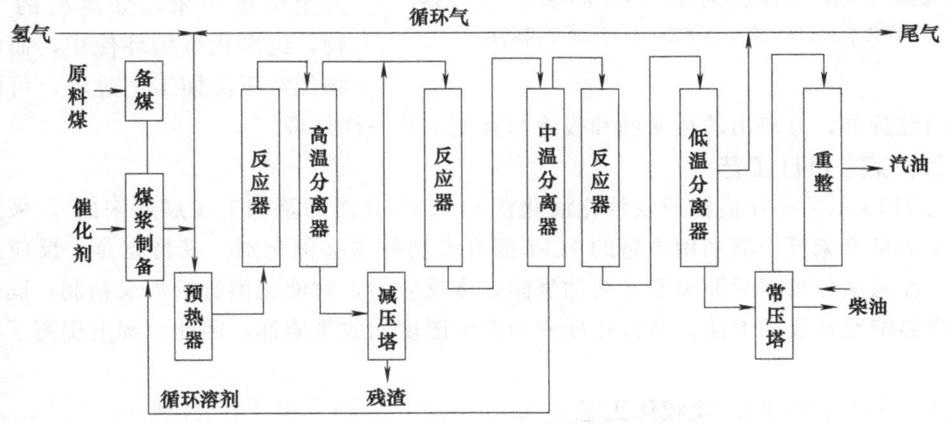

图 2-7　德国 IGOR 直接液化工艺流程

的轻质油，从洗涤塔塔顶排出的富氢气体则循环使用。在 IGOR 工艺中，其液化段催化剂与 IG 法一样以拜耳赤泥为主，而在固定床加氢精制工艺过程中，则改为以 Ni-Mo/Al_2O_3 为主。

（五）俄罗斯低压加氢液化工艺

俄罗斯低压加氢液化工艺是由国家科学院、国家可燃物研究所和图拉煤业公司共同开发的工艺，利用黄煤和煤焦油加氢液化的生产经验和丰富的褐煤资源，采用煤浆加氢，应用高活性铜系催化剂的工艺，从而降低了加氢反应压力，提高了油品收率。

（六）煤催化两段液化（CTSL）工艺

煤催化两段液化工艺是由美国碳氢化合物公司 HRI 于 1982 年开发的煤液化工艺，其特点是煤液化的第一阶段和第二阶段都装有高活性的加氢和加氢裂解催化剂，两段反应器既分开又紧密相连，可以单独控制各自的反应条件，使煤的液化始终处于最佳操作状态。该工艺的煤液化油收率较高，达到 80%左右，成本却比一段煤液化工艺降低 17%，从而使煤液化工艺技术性和经济性很好地结合起来，油品质量得到了明显的改善和提高。

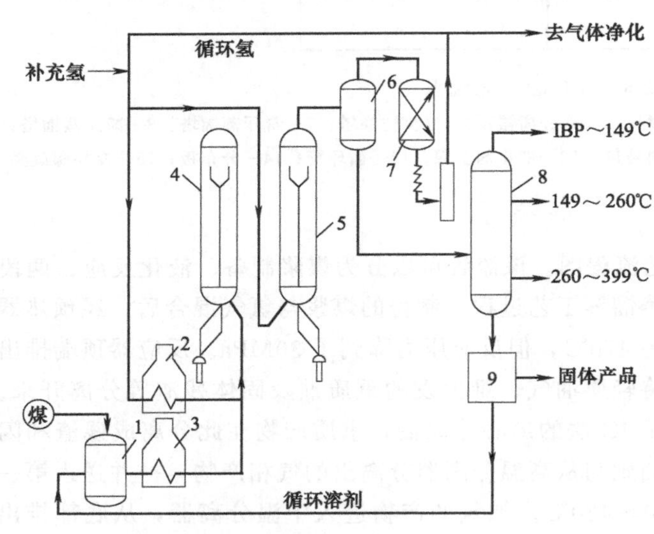

图 2-8 CTSL 的典型工艺流程

1—煤浆混合罐；2—氢气预热器；3—煤浆预热器；4—第一段液化反应器；5—第二段液化反应器；6—高温分离器；7—气体净化装置；8—常压蒸馏塔；9—残渣分离装置

图 2-8 为 CTSL 的典型工艺流程图。煤浆经预热后再与氢气混合，并泵入一段流化床反应器，反应器操作温度为 399℃，比 H-Coal 法的操作温度低。由于第一段反应器的温度较低，使得煤在温和的条件下发生热解反应，同时也有利于反应器内循环溶剂的进一步加氢。第一段生成的沥青烯和前沥青烯等重质产物，在第二段液化器将继续发生加氢反应，该过程还可以脱除产物中的部分杂质原子，从而达到提高液化油质量的效果。从第二段反应器中出来的产物，先用氢急冷，以抑制液化产物在分离过程中发生结焦现象，分离出的气相产物，经净化后循环使用，而液相产物经常压蒸馏工艺过程，可制备出高质量的馏分油，分离出的重质油和残渣与其他工艺一样处理。

（七）煤的 HTI 工艺

煤的 HTI 工艺是在借鉴两段催化液化法和 H-Coal 法的基础上发展起来的，采用了近年来开发的悬浮床反应器和用少量的 HTI 拥有专利的铁基催化剂。其特点是：反应条件比较温和，在高温分离器后面串联在线加氢固定床反应器，对液化油进行加氢精制；固液分离则采用临界溶剂萃取的方法，从液化残渣中最大限度回收重质油，因此大幅度提高了液化油收率。

（八）日本 NEDOL 煤液化工艺

日本 NEDOL 煤液化工艺是由日本新能源技术综合开发机构（NEDOL）于 20 世纪 80

年代初开发的烟煤液化工艺。它吸收了美国 EDS 工艺与德国新工艺的技术经验，将制备煤浆用的循环溶剂进行预加氢处理，以提高溶剂的供氢能力。液化反应后的固-液混合物则采用真空闪蒸方法进行分离，简化了工艺过程，易于放大生产规模。

煤液化反应过程中使用了价格低廉的黄铁矿等铁基催化剂，也降低了煤液化成本，同时也可使煤液化反应在较缓和的条件下进行，所产生的液化油的质量高于美国 EDS 工艺，操作压力低于德国煤液化新工艺。

图 2-9 为 NEDOL 工艺流程图。从原料煤浆制备工艺过程送来的含铁催化剂煤浆，经高压原料泵加压后，与氢气压缩机送来的富氢循环气体一起进入到预热器内，加热到 387～417℃，然后进入高温液化反应器内，该反应器的操作温度为 450～460℃，压力为 16.8～18.8MPa。反应后的液化产物送往高温分离器、低温分离器、常压蒸馏塔中进行分离，得到轻油和常压塔底残油。残油经加热后，送入真空闪蒸塔，分离得到重质油、中质油及残渣，其中重质油和用于调节循环溶剂量的部分中质油送入加氢反应器，反应器内部的操作温度为 290～330℃，反应压力为 10.0MPa，催化剂为 Ni-Mo/Al_2O_3。总的来说，NEDOL 工艺由于对 EDS 工艺做了改进，其液化油的质量要高于美国 EDS 工艺，同时操作压力低于德国的 IGOR 工艺。

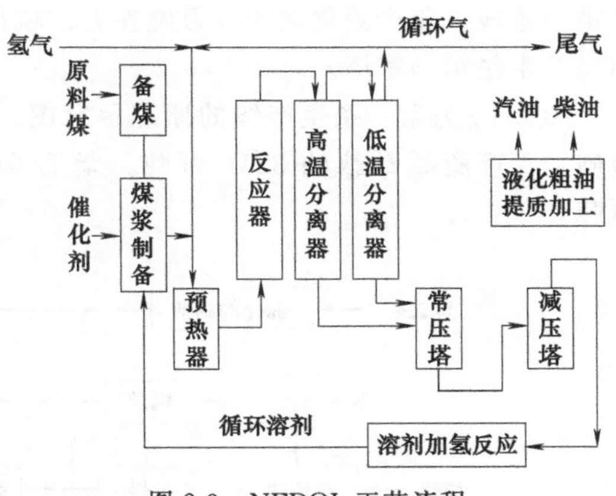

图 2-9　NEDOL 工艺流程

温馨提示：

闪蒸就是通过减压，使流体沸腾，而产生气、液两相，建立一个新的压力等级下的气液平衡。流体在闪蒸罐中迅速沸腾汽化，并进行分离。使流体达到汽化的设备不是闪蒸罐，而是减压阀。闪蒸罐的作用是提供流体迅速汽化和气液分离的空间。

（九）煤共处理工艺

煤共处理工艺包括煤/油共处理和煤/废塑料共处理两种。煤/油共处理工艺是将原料煤与石油重油、油沙沥青或者石油渣油等重质油料一起进行加氢液化制油的工艺过程，这实际上是石油炼制工业中重油产品的深加工技术与煤直接液化技术的有机结合与发展；煤/废塑料共处理工艺则是将原料煤与废旧塑料和废旧橡胶等有机高分子废料一起进行加氢液化制油的工艺过程。煤共处理工艺的原理是基于重质油或者废旧塑料和橡胶中富氢组成，可以作为液化过程中的活性氢供体，并以此来稳定煤热解产生的自由基“碎片”。该工艺可明显降低氢溶剂和氢气的消耗量，不仅可以使煤和渣油或废旧塑料同时得到加工，还可以提高液化原料的转化率、液化油产率和液化油产品的质量。因此，煤共处理工艺比煤单独加氢液化具有更大的发展前景。

（十）某企业煤液化工艺

神华煤液化工艺是由该企业研制开发的溶剂全加氢煤液化工艺，它是将美国 HTI 工艺和日本 TOP-NEDOL（悬浮床）工艺的优点相结合，以改善煤液化装置的平衡运行，将煤浆与催化剂混合后加入煤液化反应器中，经两级反应煤转化为轻质油品，经过高低压闪蒸处理后，再经减压塔分馏出最重的组分，残渣内含 50%的固体颗粒物，其余的所有煤液化全馏分油一并进入到稳定加氢装置中进行处理，产物进入分馏塔分馏得到轻、中、重三种馏分，全部的重馏分和少量的中馏分混合后循环回煤液化装置配制煤浆，轻馏分和大部分的中馏分则需进一步处理。稳定加氢工艺则采用 IFP 公司 T-SAR 工艺，其特点是可在线转换催化剂，并采用了对进料限制相对宽松的沸腾床反应器，产品为油品（石脑油、柴油、喷气燃料）和化工产品（石蜡、聚丙烯等）。

煤直接液化项目总的建设规模为年产油品 500 万吨，分两期建设，六条生产线。先期投产第一条线，年产液化油 100 万吨左右。项目厂址确定在内蒙古自治区鄂尔多斯市伊金霍洛旗乌兰木伦镇马家塔。

图 2-10 为第一条生产线的原理示意图。该生产线年需液化、制氢和锅炉用原料煤 221 万吨，年产商品石脑油 3211 万吨、柴油 6211 万吨、液化气 710 万吨、其他化学品 516 万吨。

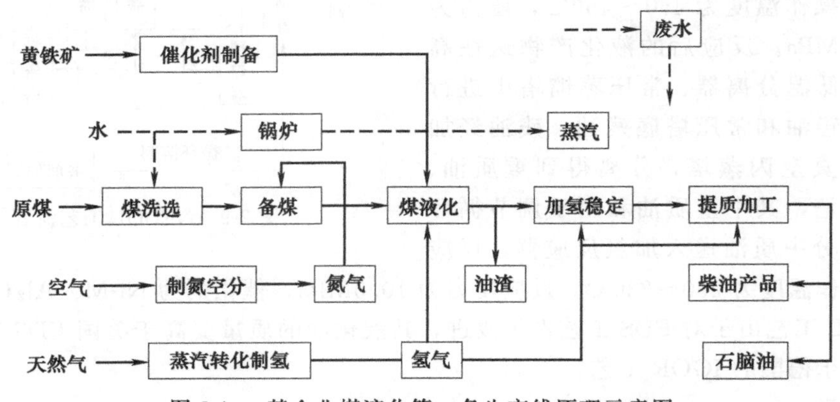

图 2-10　某企业煤液化第一条生产线原理示意图

某企业煤液化项目工艺方案自项目启动到现在，出现了多次变化，大体分为三个阶段。

第一阶段：该企业建设煤液化示范厂的想法可以追溯到 1997 年左右，此后至 2001 年以前属于预可研阶段。2000 年 8～9 月，该企业委托美国 HTI 公司在中型连续实验装置（3t/d 的 PDU 装置）上进行了液化试验。HTI 公司依据 PDU 试验的结果，编制了煤液化单元的预可研工艺包，该液化单元包括备煤、催化剂制备、煤液化、在线加氢以及溶剂脱灰等内容。2000 年底，国内炼油专家在对 HTI 公司提交的预可研工艺包进行审查的时候，指出在线加氢存在诸多隐患。如进料中带有大量的 CO、CO_2、水蒸气、沥青质以及金属等，一方面催化剂利用率大幅度降低，且 CO、CO_2 加氢带来大量氢气的浪费，经济性难以站住脚；另一方面，即将建设的煤液化工程项目，目前国内外无工业运转装置，存在较大风险。因此，国内炼油专家普遍认为，在一期工程中，在线稳定加氢宜采用离线加氢的技术路线。

第二阶段：经过国内炼油专家的论证，对 HTI 公司的工艺流程进行了调整。根据新的流程，HTI 公司修改了工艺包，并于 2001 年 11 月～2002 年 1 月，在 HTI 公司又进行了模拟工艺包设计流程的小型验证试验（30kg/d 的 CFU 装置）。为进一步降低系统风险，该企业决定一期工程分两步实施，先期完成第一条生产线的建设，一期工程其余的两条生产线将待第一条生产线运转正常后再行建设。

第三阶段：在审查完总体设计后，为改善煤液化装置运行的平稳性，又对 HTI 工艺做了进一步的优化。优化后的方案采用全加氢的技术方案，即将 HTI 工艺的优点与日本提出的 TOP-NEDOL 工艺的优点进行结合。具体工艺流程可描述为：煤浆与催化剂混合后进入到煤液化反应器中，经两级反应将煤转化为轻质油品，经过高低压闪蒸处理后，再经减压塔分馏出称作残渣（内含50%的固体颗粒物）的最重的组分，其余的所有煤液化全馏分油，一并进入到稳定加氢装置进行处理，产物进入分馏塔，分馏得到轻、中、重三种馏分，全部的重馏分和少量的中馏分混合后，循环回至煤液化装置配制煤浆，轻馏分和大部分的中馏分则需进一步改质。

任务三　煤间接液化技术

一、煤间接液化原理

煤炭间接液化工艺主要由三大步骤组成：气化、合成、精炼。

（一）煤的气化

从气化炉产出的粗煤气含有CO、CO_2、H_2、CH_4以及硫化氢、氨、焦油等杂质，必须经过一系列净化步骤除去焦油、H_2S、NH_3、CO_2等物质，得到CO和H_2（有时含少量CH_4）。为了得到合成气中最佳的CO与H_2的比例，需要通过变换反应来调节其比例。对于间接液化，合成气中CO与H_2的最佳比例值是1∶2。

变换反应：$C + 2H_2O \longrightarrow CO_2 + 2H_2$

（二）费托合成

煤间接液化的合成反应，即费-托（F-T）合成，其合成油品的反应如下。

1. F-T合成主反应

（1）烃类生成反应

$$CO+2H_2 \longrightarrow (-CH_2-)+H_2O$$

（2）水气变换反应

$$CO+H_2O = H_2+CO_2$$

由以上两式可得CO+H_2合成反应的通式：

$$2CO+H_2 \longrightarrow (-CH_2-)+CO_2$$

（3）烷烃生成反应

$$nCO+(2n+1)H_2 \longrightarrow C_nH_{2n+2}+nH_2O$$

$$2nCO+(n+1)H_2 \longrightarrow C_nH_{2n+2}+nCO_2$$

$$(3n+1)CO+(n+1)H_2O \longrightarrow C_nH_{2n+2}+(2n+1)CO_2$$

$$nCO_2+(3n+1)H_2 \longrightarrow C_nH_{2n+2}+2nH_2O$$

（4）烯烃生成反应

$$nCO+2nH_2 \longrightarrow C_nH_{2n}+nH_2O$$

$$2nCO+nH_2 \longrightarrow C_nH_{2n}+nCO_2$$

$$3nCO+nH_2O \longrightarrow C_nH_{2n}+2nCO_2$$

$$nCO_2+3nH_2 \longrightarrow C_nH_{2n}+2nH_2O$$

2. F-T合成副反应

（1）甲烷生成反应

$$CO+3H_2 \longrightarrow CH_4+H_2O$$

$$2CO+2H_2 \longrightarrow CH_4+CO_2$$

$$CO_2+4H_2 \longrightarrow CH_4+2H_2O$$

（2）醇类生成反应

$$nCO+2nH_2 \longrightarrow C_nH_{2n+1}OH+(n-1)H_2O$$

$$(2n-1)CO+(n+1)H_2 \longrightarrow C_nH_{2n+1}OH+(n-1)CO_2$$

$$3nCO+(n+1)H_2O \longrightarrow C_nH_{2n+1}OH+2nCO_2$$

（3）醛类生成反应

$$(n+1)CO+(2n+1)H_2 \longrightarrow C_nH_{2n+1}CHO+nH_2O$$

$$(2n+1)CO+(n+1)H_2 \longrightarrow C_nH_{2n+1}CHO+2nCO_2$$

（4）表面碳化物种生成反应

$$(x+y/2)H_2+xCO \longrightarrow C_xH_y+H_2O$$

（5）催化剂的氧化还原反应（M为催化剂金属成分）

$$yH_2O+xM \longrightarrow M_xO_y+yH_2$$

$$yCO_2+xM \longrightarrow M_xO_y+yCO$$

（6）催化剂本体碳化物生成反应

$$yC+xM \longrightarrow M_xC_y$$

（7）结炭反应

$$2CO \longrightarrow C+CO_2$$

控制反应条件和选择合适的催化剂，能使得到的反应产物主要是烷烃和烯烃。

（三）合成油的精炼

从F-T合成获得的液体产品分子量分布很宽，也就是沸点分布很宽，并且含有较多的烯烃，必须对其精炼才能得到合格的汽油、柴油产品。精炼过程采用炼油工业常见的蒸馏、加氢、重整等工艺。

二、煤间接液化催化剂

F-T合成的催化剂为多组分体系，包括主金属、载体或结构助剂以及其他各种助剂和添加物。

（一）主金属的种类与作用

F-T合成的主金属主要为过渡金属，其中铁、钴、镍、钌等的催化活性较高，但对硫敏感，易中毒，Mo、W等催化活性不高，但具有耐硫性。Mo催化剂已在合成C_1～C_4烷烃方面获得应用。

F-T合成催化剂的主金属组分应该具有加氢作用、使CO的碳氧键削弱或解离作用以及叠合作用。如果只有加氢性能，而没用解离CO的能力，不能作为F-T合成催化剂。例如，ZnO、Mo_2O_3等在常压下有加氢能力，但不能使CO解离，故不能作F-T合成催化剂。

（二）催化剂助剂的作用

催化剂助剂可分为结构助剂和电子助剂两大类。

结构助剂对催化剂的结构特别是对活性表面的形成产生稳定影响，它可促使催化剂表面结构的形成，防止熔融和再结晶，增加其稳定性。

电子助剂能加强催化剂与反应物间的相互作用，碱金属氧化物是F-T合成不可缺少的电子助剂，它们能使反应物的化学吸附增加，使合成反应的反应速率加快。

（三）载体的作用

使用载体的目的在于增大活性组分的分散和增大催化剂的表面积，其作用与结构助剂相似。典型的载体是Al_2O_3和SiO_2，有时也使用炭。

三、煤间接液化设备

费托（F-T）合成反应器有固定床、流化床和浆态床三种形式。由于费托合成是强放热反应，为了控制反应温度，必须把反应热及时从反应器内传输出去。

（一）气固相固定床催化反应器

气固相固定床催化反应器是常用的催化反应器，广泛用于氧化、加氢、重整、变换、脱氢和碳一化工合成等许多领域，可分绝热式和连续式两大类，一般多采用外冷列管式催化反应器。

（二）气固相流化床反应器

① 循环流化床反应器（CFB）；

② 固定流化床反应器（FFB）。

（三）鼓泡淤浆床（浆态床）反应器

浆态床反应器用于F-T合成和碳一化工是当前研究开发的热点，受到广泛重视。浆态床合成反应器属于第二代催化反应器，是一个三相鼓泡塔，外形像塔设备，反应器内装有循环压力水管，底部设气体分布器，顶部有蒸汽收集器，外部为液面控制器。

反应器在250℃下操作，由原料气在熔融石蜡和特殊制备的粉状催化剂颗粒中鼓泡，形成浆液。经预热的合成气原料从反应器底部进入，扩散入由生成的液体石蜡和催化剂颗粒组成的淤浆中。在气泡上升的过程中合成气不断地发生F-T转化，生成更多的石蜡。反应生成的热由内置式冷却盘管生产蒸汽取出。产品蜡则用Sasol开发的专利分离技术进行分离，分离器为内置式。从反应器上部出来的气体冷却后回收轻组分和水。获得的烃物流送往下游的产品改质装置，水则送往水回收装置处理。

四、煤间接液化技术

F-T合成工艺流程如图2-11所示，该流程可分为煤的气化、合成气净化、F-T合成、产物分离和产品精制、排污控制等五部分。F-T合成工艺的关键在于合成反应器内的反应过程。

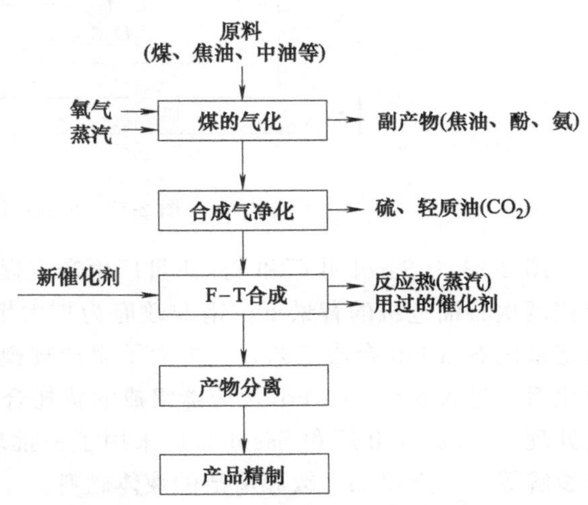

图2-11　F-T合成法工艺流程

F-T合成工艺有许多种，按反应器分为固定床工艺、流化床工艺和浆态床工艺等；按催化剂分为铁剂工艺、钴剂工艺、钌剂工艺、复合铁剂工艺等；按主要产品分为普通F-T工艺、中间馏分工艺、高辛烷值汽油工艺等；按操作温度和压力可分为高温工艺、低温工艺与常压工艺、中压工艺等。目前，国外已经工业化的煤间接液化技术有南非Sasol的F-T合成技术、荷兰Shell公司的SMDS技术（壳牌公司中间馏分油合成技术）和美国Mobil公司的MTG（由甲醇生产汽油）合成技术等。此外，国外还有一些更为先进但尚未商业化的合成技术，如丹麦Topsoe公司的Tigas和美国Mobil公司的STG法等。

目前，工业上煤间接液化主要合成技术有以下几种。

（一）南非 Sasol 厂间接液化工艺

南非 Sasol 厂三套煤间接液化系统，是目前唯一投入商业运行的 F-T 合成法工艺系统，该厂以当地烟煤制成的合成气为原料，生产汽油、柴油和蜡类等产品。自从 1956 年建成 Sasol-Ⅰ厂以来，先后于 20 世纪 80 年代初期兴建了 Sasol-Ⅱ厂和 Sasol-Ⅲ厂，年处理煤量达 3000 万吨。其中 Sasol-Ⅰ厂采用了固定床和流化床两类反应器，年产液体燃料 25 万吨。Sasol-Ⅱ厂和 Sasol-Ⅲ厂均采用气流床反应器，其生产能力相当于 Sasol-Ⅰ厂的 8 倍。

图 2-12 为 Sasol-Ⅰ厂生产流程图。从鲁奇炉加压气化得到的粗煤气，先经过冷却、净化处理后，得到石脑油、废气和纯合成气。其中，石脑油和粗煤气与冷却分离的焦油，一起进入下游的精馏装置，废气在排入大气之前，必须经过脱硫等环保设备进行处理。然后，纯合成气进入 F-T 合成系统，Sasol-Ⅰ厂有 5 台固定床反应器和 3 台流化床反应器，合成产物冷却至常温后，水和液态烃析出，与其大部分循环气返回到反应器。

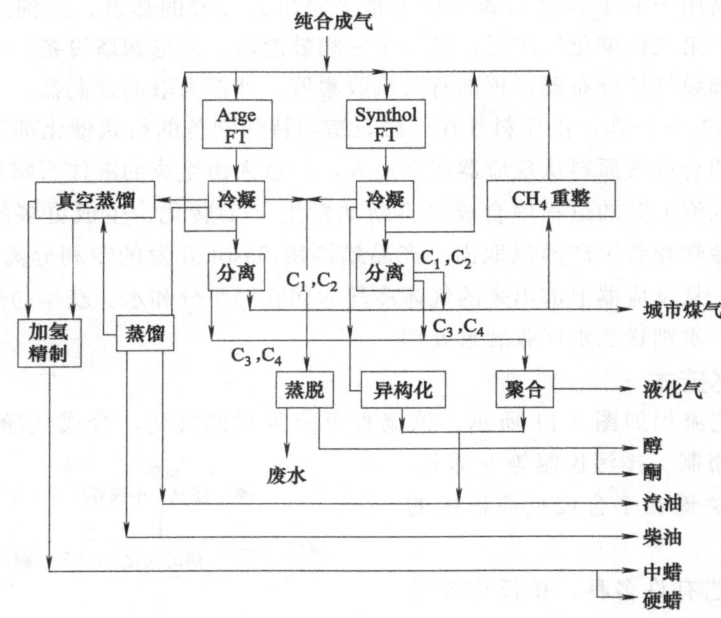

图 2-12 Sasol-Ⅰ厂生产流程

图 2-13 为 Sasol-Ⅱ厂和 Sasol-Ⅲ厂生产流程图。Sasol-Ⅱ厂和 Sasol-Ⅲ厂是在 20 世纪 70 年代两次石油危机的背景下，南非政府为扩大生产而兴建的，根据 Sasol-Ⅰ厂的实践经验，确定采用 Synthol 合成工艺，并扩大了生产规模。从 36 台鲁奇气化炉得到的粗煤气，经过净化后，进入 8 台 Synthol 反应器组成的费托合成系统。与 Sasol-Ⅰ厂相比，在液体油的后续处理上，Sasol-Ⅱ厂和 Sasol-Ⅲ厂采用了一批现代化的炼油技术，例如聚合、异构化、选择裂解等，生产更加高级和清洁的液体燃料。

（二）改良费托法（MFT）

在不同的条件下，F-T 合成法可以获得多种产物，但其存在的主要问题恰恰是合成产品太复杂，而且选择性差。为了提高 F-T 合成技术的经济性，改进产品的性质，20 世纪 80 年代中国科学院山西煤炭化学研究所提出了将传统的 F-T 合成与沸石分子筛相结合的固定床两段合成工艺，简称 MFT 法，其基本原理流程如图 2-14 所示。

为了提高合成产品的选择性，将传统铁催化剂 F-T 合成与分子筛相结合，由原料气合

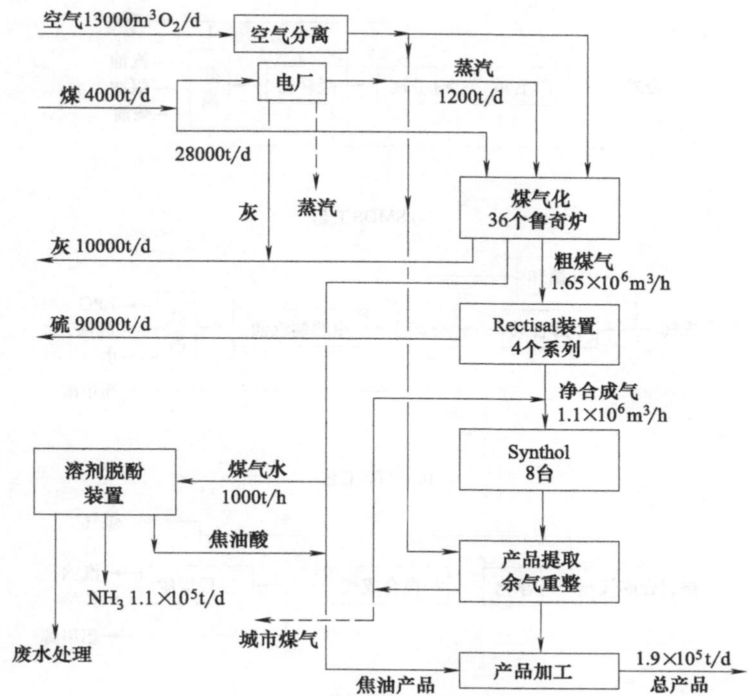

图 2-13　Sasol-Ⅱ和 Sasol-Ⅲ厂生产流程

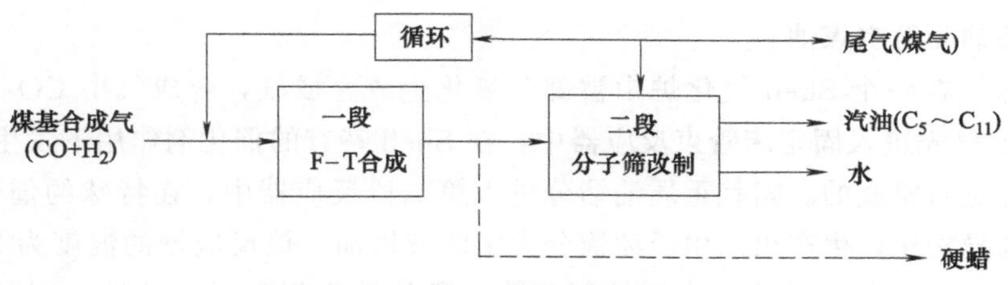

图 2-14　MFT 合成法基本原理流程

成甲醇，再由甲醇合成汽油，主要是生产汽油。

（三）其他合成液体燃料工艺

在 F-T 合成技术的研究开发中，为了提高间接液化产品的选择性和降低成本，人们进行了大量的工作。特别是 20 世纪 70 年代，美国 Mobil 公司成功开发 ZSM-5 催化剂，并对 F-T 合成过程提出改进的设想，开发了浆态床两段 F-T 合成过程，简化了后处理工艺，使该过程有了突破性的进展。在此基础上，该公司于 1976 年又开发了 MTG 过程，同年在新西兰建立以天然气为原料、年产 1000 万吨的汽油工业装置。此外，还有丹麦 Topsoe 公司开发的 Tigas 过程的中试装置，荷兰 Shell 公司开发的 SMDS 过程等工业化技术。

图 2-15 为典型的 SMDS、MTG 和 MFT 工艺原理比较示意图。

下面介绍一下 Shell 公司的 SMDS 工艺，该工艺是利用天然气生产的合成气为原料合成液体燃料，但对于以煤气化生产的合成气为原料合成液体燃料也是合适的。

图 2-16 为 SMDS 工艺流程图。荷兰壳牌（Shell）公司开发的两段法新工艺，第一阶段采用固定床反应器，使用钴催化剂，第二阶段采用常规加氢裂解技术，使第一阶段产物转变

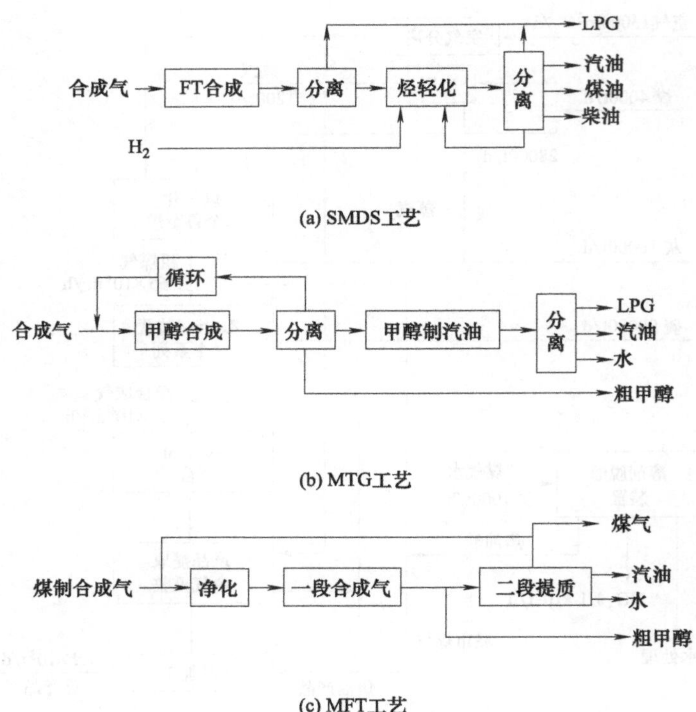

图 2-15　典型的 SMDS、MTG 和 MFT 工艺原理比较示意图

为高质量的柴油和航空煤油。

首先天然气在一个 Shell 气化炉中被部分氧化生成合成气，合成气中 CO/H_2 比例正好为 1∶2，合成气先进入固定床管束反应器中，在 Shell 特有的催化剂作用下发生反应，该阶段产品几乎都是石蜡族的。蜡状重质油馏分进入第二段反应器中，在特殊的催化剂作用下，被加氢裂解和异构化，生产出以中质油馏分为主的液体油，该反应器的温度为 300～500℃，压力为 3～5MPa。在该工艺中，由于控制了第一段的催化剂和反应条件，可以减少烃类气体的生成，并通过第二段的反应过程，保证几乎没有沸点较高的产物，其最终产品的构成可以被调整到柴油 60%、煤油 25%、石脑油 15%。

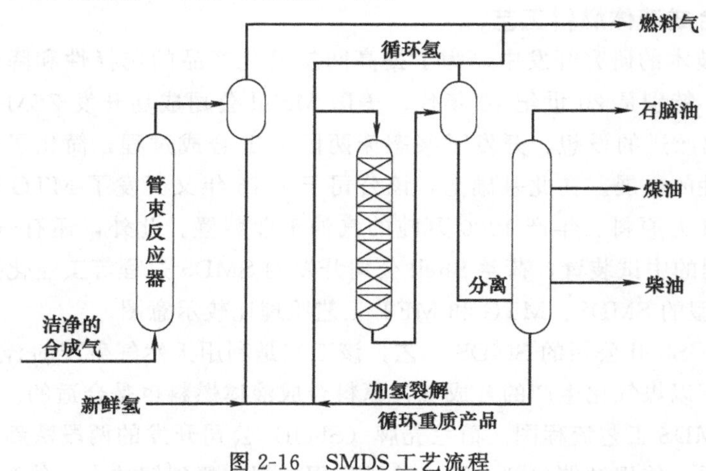

图 2-16　SMDS 工艺流程

项目三 煤的焦化

任务一 认识煤的焦化技术

一、煤焦化发展概况

中国是使用煤最早的国家之一，早在公元前就用煤冶炼铜矿石、烧陶瓷，至明代已用焦炭冶铁，但煤作为化学工业的原料加以利用并逐步形成工业体系，则是在近代工业革命之后。煤中有机质的基本结构单元，是以芳香族稠环为中心，周围连着杂环及各种官能团的大分子。这种特定的分子结构，使它在隔绝空气的条件下，通过热加工和催化加工，能获得固体产品，如焦炭或半焦。同时，还可得到大量的煤气（包括合成气）以及具有经济价值的化学品和液体燃料（如烃类、醇类、氨、苯、甲苯、二甲苯、萘、酚、吡啶、蒽、菲、咔唑等）。

焦炭主要用于高炉炼铁；煤气可以用来作气体燃料或用来发电、合成甲醇、合成氨、制氢、送入高炉炼铁或直接生产还原铁等；炼焦所得化学产品很多，含有多种芳香族化合物，主要有硫铵、吡啶碱、苯、甲苯、酚、萘、蒽和沥青等。所以炼焦化学工业能提供农业需要的化学肥料和农药、合成纤维的原料苯、塑料和炸药的原料酚以及医药原料吡啶碱等。

因此，煤化工的发展包含着能源和化学品生产两个重要方面，两者相辅相成，促进煤炭综合利用技术的发展。

（一）炼焦概念

煤在隔绝空气条件下，加热到950～1050℃，经过干燥、热解、熔融、黏结、固化、收缩等阶段，最终制得焦炭，这一过程称高温炼焦或高温干馏，简称炼焦。

（二）炼焦炉的发展

炼焦是应用最早的工艺，至今仍然是煤化工的重要组成部分。

从炼焦方法的进展看，炼焦炉经历了煤成堆、窑式、倒焰式、废热式和蓄热式等几个阶段。高温炼焦始于16世纪，当时是用木炭炼铁的。17世纪因木炭缺乏，英国首先试验用焦炭代替木炭炼铁，中国及欧洲开始生产焦炭，当时，将煤成堆干馏，后来演变成窑式炼焦，炼出的焦炭产率低、灰分高、成熟度不均匀。为了克服上述缺点，18世纪中叶，建立了倒焰炉，将一个个成焦的炭化室与加热的燃烧室之间用墙隔开，墙的上部设连通道，炭化室内煤干馏产生的荒煤气经流通道直接进入燃烧室，与来自炉顶通风道的空气相汇合，自上而下地边流动边燃烧，这种焦炉的结焦时间长，开停不便。19世纪，随着有机化学工业的发展，要求从荒煤气中回收化学产品，产生了废热式焦炉，将炭化室和燃烧室完全隔开，炭化室内煤干馏生成的荒煤气，先用抽气机抽出，经回收设备将煤焦油和其他化学产品分离出来，再将净焦炉煤气压送到燃烧室燃烧，以向炭化室提供热源，燃烧产生的高温废气直接从烟囱排出，这种焦炉所产煤气，几乎全部用于自身加热。为了降低耗热量和节省焦炉煤气，1883年发展了蓄热式焦炉，增设蓄热室。高温废气流经蓄热室后温度降为300℃左右，再从烟囱排出，热量被蓄热室储存，用来预热空气，这种焦炉可使加热用的煤气量减少到煤气产量的一半。近百年来，炼焦炉在总体上仍然是采用蓄热式、间隙装煤、出焦的室式焦炉。

为了实现焦炉高效低耗、提高生产率，焦炉正朝着大型化、全机械化和自动化方向发展。

二、煤焦化主要化学产品及回收

炼焦化学工业是煤炭的综合利用工业，煤在炼焦时，约75%转化为焦炭，其余的是粗煤气，粗煤气经过冷却和用各种吸收剂处理，可以从中提取焦油、氨、萘、硫化氢、氰化氢和粗苯等，并获得净煤气。

（一）炼焦化学产品的用途

从煤气中提取的各种化学产品是重要的化工原料。如氨可制硫酸铵、无水氨和浓氨水；硫化氢是生产单斜硫和硫的原料；氰化氢可以制黄血盐（钠），同时回收硫化氢和氰化氢对减轻大气和水质污染、设备腐蚀具有重要意义；粗苯和焦油都是组成复杂的半成品，粗苯精制可得苯、甲苯、二甲苯和溶剂油等；焦油经加工处理后，可得酚类、吡啶碱类、萘、蒽、沥青和各种馏分油。蒽和萘可用于生产塑料、染料和表面活性剂；甲酚和二甲酚可用于生产合成树脂、农药、稳定剂和香料；吡啶和喹啉用于生产生物活性物质；沥青约占焦油量的一半，主要用于生产沥青焦和电极碳等。

（二）炼焦化学产品回收的方法

从荒煤气中回收化学产品，多数焦化厂采用冷却冷凝的方法。煤气首先经过冷却析出焦油和水，用鼓风机抽吸和加压以输送煤气，然后进一步回收化学产品。回收化学产品的方法多用吸收法，因为吸收法单元设备能力大，适合于大生产要求。也可采用吸附法或冷冻法，但后两种方法的设备多，能量消耗高。

任务二 煤焦化原理

一、成焦机理概述

（一）煤的热解过程

煤的热解过程是一个复杂的物理化学过程，它既服从于一般高分子有机化合物的分解规律，又有其依煤质结构不同而具有的特殊性。

煤大分子结构模型的量子化学研究表明，煤的结构复杂多样，并按被测煤的起源、历史、年代的不同而有很大不同。通过各种分析、测定，证明煤分子结构的基本单元是大分子芳香族稠环化合物，在大分子稠环周围，连接很多烃类的碳链结构、氧键和各种官能团。侧链和氧键又将大分子碳网格在空间以不同的角度互相连接起来，构成了煤的复杂的大分子结构。

煤的大分子结构在热解过程中侧链逐渐断裂，生成小分子的气体和液体产物，断掉侧链和氢的碳原子经缩合加大，在较高温度下生成焦炭。

煤热解过程中的化学反应是非常复杂的，包括煤中有机质的裂解、裂解产物中轻质部分的挥发、裂解残留物的缩聚、挥发产物在逸出过程中的分解及化合、缩聚产物进一步分解和再缩聚等过程，总的来讲包括裂解和缩聚两大类反应。从煤的分子结构看，热解过程是基本结构单元周围的侧链和官能团等热不稳定成分不断裂解，形成低分子量化合物并挥发出去。在煤的基本结构单元中，缩合芳香核部分对热稳定，互相缩聚形成固体产品（半焦或焦炭）。

煤的热解过程一般可划分为以下六个阶段。

(1) 干燥预热阶段(<200℃)

200℃以前,是煤的干燥和预热阶段,同时析出吸附在煤中的 CO_2、CH_4 等气体,这一阶段主要是物理变化,煤质基本不变。

(2) 开始分解阶段(200~350℃)

当温度升高到 200~350℃时,煤开始分解。由于侧链的断裂和分解,产生气体和液体,350℃前主要分解出化合水、二氧化碳、一氧化碳、甲烷等气体,焦油蒸出很少。

(3) 生成胶质体阶段(350~450℃)

当温度升高到 350~450℃时,由于一些侧链交链键断裂,也发生缩聚和重排等反应,黏结性煤转化为胶质状态,分子量较小的以气态形式析出或存在于胶质体中,分子量较大的以固态形式存在于胶质体中,形成了气、液、固三相共存的胶质体。

由于液相在煤粒表面形成,将许多粒子汇集在一起,所以,胶质体的形成对煤的黏结成焦十分重要。凡是能生成胶质体的煤都具有黏结性;不能形成胶质体的煤,没有黏结性。黏结性好的煤,热解时形成的胶质状的液相物质多,而且热稳定性好。又因为胶质体透气性差,气体析出不易,故产生一定的膨胀压力。

(4) 胶质体固化阶段(450~550℃)

当温度升高到 450~550℃,胶质体中的液体进一步分解,一部分以气体析出,一部分固化并与平面网络结合在一起,形成半焦。胶质体的固化是液相缩聚的结果,这种缩聚产生于液相之间或吸附了液相的固体颗粒表面。

(5) 焦收缩阶段(550~650℃)

当温度升高到 550~650℃时,半焦进一步析出气体而收缩,同时产生裂纹。

(6) 焦炭形成阶段(650~1000℃)

当温度升高到 650~1000℃时,半焦内的不稳定有机物继续进行热分解和热缩聚,此时热分解的产物主要是气体,前期主要是甲烷和氢,随后,气体分子量越来越小,750℃以后主要是氢。随着气体的不断析出,半焦的质量减少较多,因而体积收缩,平面网络间缩合、变紧。由于煤在干馏时是分层结焦的,在同一时刻,煤料内部各层所处的成焦阶段不同,所以收缩速度也不同;又由于煤中有惰性颗粒,故而产生较大的内应力,当此应力大于焦饼强度时,焦饼上形成裂纹,焦饼分裂成焦块。在此阶段析出的焦油蒸气与赤热的焦炭相遇,部分进一步分解,析出游离碳沉积在焦炭上。

(二)煤的成焦机理

1. 黏结机理

具有黏结性的煤在热解过程中都有胶质体形成,从煤开始热解到半焦形成,为结焦的第一阶段,即黏结阶段。在这一阶段,由于煤大分子进行了剧烈的分解,所生成的液相超过了蒸馏、聚合、缩合反应所消耗的液体,因而液相不断扩大,并分散在各固体颗粒之间。继续进行热解,整个系统则发生了剧烈的聚合、缩合反应,使液相不断减少,气体不断产生,胶质体黏度急剧增加,直至液相最后消失,把各分散的固体颗粒黏结在一起,固化形成半焦。在该过程中,由于气体强行通过黏度大、不透气的胶质体而产生的膨胀压力,又加强了固体颗粒间的黏结。

煤黏结性的好坏取决于胶质体的数量、流动性和半焦形成前的热稳定性(可由胶质体的温度停留范围体现)。黏结性强的煤在黏结阶段应有足够数量的胶质体和较好的热稳定性以及适当的流动性（流动性太大不利于膨胀压力的产生，太小不利于在各固体颗粒间的分散）。

低变质程度的煤（长焰煤、弱黏煤、气煤），侧链长且含氧量高，热稳定性差，在较低温度下大部分胶质体被分解，半焦形成前剩下的胶质体数量少，不能填满残留的固体颗粒间的空隙，黏结性差。

中变质程度的煤（肥煤、焦煤）侧链适当且含量少，生成的液体多，热稳定性好，黏度适中，有一定的流动性和膨胀压力，能形成均一的胶质体，黏结性好。

高变质程度的煤（瘦煤、贫瘦煤）侧链短，生成的液体量少，胶质体黏度大，不能填满残留固体间的空隙，黏结性也差。

除煤本身性质外，各种工艺条件对煤的黏结性也有影响，但属外部原因。

胶质体固化过程中，由于气体不易穿过胶质体，故在胶质体内聚积膨胀，当其压力大于胶质体的阻力时便逸出。此时，因胶质体逐渐固化，原来聚积气体的空间便形成了气孔，固化的胶质体与未分解的固体残留物结合在一起，形成了多孔的半焦。

2. 收缩机理

胶质体固化以后，继续加热将进一步分解并发生强烈的叠合、缩合反应。随着分解的进行，气体不断析出，焦质变紧和失重，体积减小。因此，半焦的收缩过程，同样是胶质体中大分子的侧链进一步断裂和碳网继续缩合的过程，只是收缩阶段断裂的侧链不足以形成液相，而呈气相逸出。

焦炭是具有裂纹的多孔焦块，其质量取决于焦炭多孔材料的强度和焦块的裂纹。

焦炭的裂纹是由收缩不均匀、有了阻碍均匀收缩的内应力所造成的。焦炭多孔材料阻碍收缩的过程越显著，则收缩过程的内应力就越大，焦炭中越容易形成裂纹网。

当其他条件相同时，影响裂纹网的决定因素是由碳网缩合和增长所决定的收缩量及收缩速度。煤在结焦过程中，半焦的收缩速度不是恒定不变的，开始收缩速度逐渐增加至最大值后再减小，各种煤的收缩特性也不同，主要表现为随变质程度增加和挥发分减少，开始收缩温度增加，最大收缩值和最终收缩量减少。如半焦试样的开始收缩温度：气煤在400℃左右，肥煤稍高于400℃，焦煤接近500℃，瘦煤达550℃以上。半焦试样加热过程中的最大收缩值：气煤约3.0%，肥煤与气煤接近，焦煤约2.0%。此外，收缩量也和煤料黏结性有关，通常挥发分相同的煤料，黏结性越好，收缩量也越大。这是因为黏结性差的煤在胶质体固化形成半焦后，颗粒间不完全连接，因此收缩也不完全，即收缩量较小。

随着温度的增高，碳网尺寸增大，当温度升高到700℃以后，由于缩合反应剧烈进行，碳网迅速增大，且在空间的排列愈大愈规则，趋向于石墨化结构，最终形成具有一定强度的焦炭结构。

3. 中间相成焦机理

中间相成焦机理即煤或沥青经炭化过程转化为焦炭的相变规律。炭化时，随着温度升高，或在维温状态下延长炭化时间，煤或沥青首先熔融，形成光学各向同性的塑性体，然后在塑性体中孕育出一种性质介于液相和固相之间的中间相液晶。由于所形成的液晶往往是球状的，故得名中间相小球体。它在母体中经过核晶化、长大、融并、固化的转化过程，生成光学各向异性的焦炭。在炭化体系中，单体分子的大小和平面度、分子的活性和体系的黏度，是决定中间相能否生成和长大的程度以及所形成的焦炭光学组织的大小的主要因素。炭化过程的升温速率、炭化时间、原料中的杂质和添加物以及对原料的预处理等，都对中间相转化有一定的影响。

研究中间相成焦理论对确定配煤方案、改善焦炭质量，特别是对新型炭材料，如针状焦、碳纤维等的开发具有指导意义。

二、影响制焦化学产品的主要因素

炼焦化学产品的产率取决于炼焦配煤的性质和炼焦过程的技术操作条件。一般情况，炼焦煤的性质和组成对初次分解产物组成影响较大，而炼焦的操作条件对最终分解产物组成影响较大。

（一）配煤性质和组成的影响

煤气的成分同干馏煤的变质程度有关。变质程度轻的煤干馏时产生的煤气中，CO、C_nH_m及CH_4的含量高，氢的含量低。随着变质程度的增加，前三者的含量越来越少，而氢的含量越来越多。因此，配煤成分对煤气的组成有很大影响。

1. 对煤焦油产率的影响

煤焦油产率取决于配煤的挥发分和煤的变质程度。在配煤的干燥无灰基（daf）挥发分V_{daf}在20%～30%范围内，可依下式求得煤焦油产率X(%)：

$$X=-18.36+1.53V_{daf}-0.026V_{daf}^2$$

2. 对苯族烃产率的影响

苯族烃的产率随配煤中的C/H的增大而增大。且配煤挥发分含量越高，所得粗苯中甲苯的含量就越少。在上述配煤的干燥无灰基挥发分范围内，可由下式求得苯族烃的产率Y(%)：

$$Y=-1.6+0.144V_{daf}-0.0016V_{daf}^2$$

3. 对氨产率的影响

氨来源于煤中的氮。一般配煤含氮2%左右，其中约60%存在于焦炭中，15%～20%的氮与氢化合生成氨，其余生成氰化氢、吡啶盐或其他含氮化合物，这些产物分别存在于煤气和煤焦油中。

4. 对硫化物产率的影响

煤气中硫化物的产率主要取决于煤中的硫含量。一般干煤含全硫0.5%～1.2%，其中20%～45%转入荒煤气中。配煤挥发分含量和炉温越高，则转入煤气中的硫就越多。

5. 对化合水产率的影响

化合水的产率同配煤的含氧量有关。配煤中的氧有55%～60%在干馏时转变为水，且此值随配煤挥发分的减少而增加，经过氧化的煤料能生成较大量的化合水。由于配煤中的氢与氧化合生成水，将使化学产品产率减少。

（二）焦炉操作条件的影响

炼焦温度、操作压力、挥发物在炉顶空间停留时间、焦炉内生成的石墨、焦炭或焦炭灰分中某些成分的催化作用都影响炼焦化学产品的产率及组成，但主要的影响因素是炉墙温度（与结焦时间相关）和炭化室顶部温度（也称炉顶空间温度）。

炭化室顶部空间温度在炼焦过程中是有变化的。为了防止苯族烃产率降低，特别是防止甲苯分解，炉顶部空间温度不宜超过800℃。如果过高，则由于热解作用，煤焦油和粗苯的产率均将降低，化合水产率将增加，氨在高温作用下，由于进行逆反应而部分分解，并在赤热焦炭作用下生成氰化氢，氨的产率降低。高温会使煤气中甲烷及不饱和烃类化合物含量减少，氢含量增加，因而煤气产量增加，热值降低。

任务三　煤焦化技术

一、炼焦用煤

炼焦用煤主要有气煤、肥煤、焦煤、瘦煤，它们的煤化度依次增大，挥发分含量依次减小，因此，半焦收缩度依次减小，收缩裂纹依次减小，块度依次增加。

以上各种煤的结焦特性如下：

（一）气煤

气煤的挥发分含量最大，半焦收缩量最大，所以，成焦后裂纹最多、最宽、最长。此外，气煤的黏结性差，膨胀压力较小，为2940～14700Pa。因为气煤产生的胶质体少，热解温度区间小，约为90℃（350～440℃），热稳定性差。

炼焦时加入适当的气煤，既可以炼出质量好的焦炭，合理利用资源，又能增加化学产品的产率，还便于推焦，保护炉体。

（二）肥煤

肥煤的挥发分含量比气煤低，但仍较高。在半焦收缩阶段最高收缩速度和最终收缩量也很大，但肥煤在最高收缩速度时，其气孔壁已经较厚，因此，产生的裂纹比气煤少，焦块的块度和抗碎性都比气煤的好。肥煤除了具有挥发分高、半焦收缩量大的特点外，其他的显著特点是产生胶质体数量最多、黏结性最好和膨胀压力最大为4900～19600Pa。因为肥煤的热解温度区间最大，约为140℃（320～460℃），若加热速度为3℃/min，则胶质体约存在50min。

用肥煤炼焦时，可多加瘦煤等弱黏煤，既可扩大煤源，又可减轻炭化室墙的压力，以利于推焦。但是，肥煤的结焦性较差，配合煤中有此煤时，气煤用量应该减少。

（三）焦煤

焦煤的挥发分含量适中，比肥煤低，半焦最大收缩的温度（即开始出现裂纹的温度）较高，为600～700℃，收缩过程缓和及最终收缩量也较低，所以焦块裂纹少、块大、气孔壁厚、机械强度高。值得指出的是焦煤的膨胀压力很大，因为焦煤虽然在热解时产生的液态物质比肥煤少，但胶质体不透气性大，热稳定性高，热解温度区间较大，约为75℃（390～465℃），胶质体黏度也较大，因此膨胀压力很大，为14700～34300Pa。

炼焦时为提高焦炭强度，调节配合煤半焦的收缩度，可适量配入焦煤，但不宜多用。因为焦煤储量少，膨胀压力大，收缩量小，在炼焦过程中对炉墙极为不利，并且容易造成推焦困难。

（四）瘦煤

瘦煤的挥发分含量最低，半焦收缩过程平缓，最终收缩量最低，半焦的最大收缩温度较高。瘦煤炼成的焦炭块度大，裂纹少，熔融性较差。因其碳结构的层面间容易撕裂，故耐磨性差。瘦煤热解时，液体产物少，热解温度区间最窄，仅为40℃（450～490℃），所以黏结性差。膨胀压力为19600～78400Pa。

炼焦时，在黏结性较好、收缩量大的煤中适当配入瘦煤，既可增大焦炭的块度，又能充分利用煤炭资源。

从以上几种炼焦煤的结焦特性看，若用它们单独炼焦，结果可能是焦炭的质量不符合要求，或者运行操作困难。比如，早期只用焦煤炼焦，其缺点是：焦煤储量不足；焦饼收缩小，造成推焦困难；膨胀压力大，容易胀坏炉墙；化学产品产率低。从国情出发，我国的煤源丰富，煤种齐全，但焦煤储量较少。从长远看，配煤炼焦势在必行。因此，炼焦工艺中，普遍采用多种煤的配煤技术。合理的配煤不仅同样能够炼出好的焦炭，还可以扩大炼焦煤源，同时有利于操作和增加化学产品。我国生产厂的配煤种数为 4～6 种。

二、炼焦炉的机械与设备

炼焦炉是生产焦炭、煤气和化学产品的主要设备，是由耐火材料、建筑材料、绝热材料等砌筑的结构复杂的工业窑炉之一。

我国使用的焦炉炉型，在 1953 年前主要是恢复和改建新中国成立前遗留下来的奥托式、考贝式、索尔维式等老焦炉。1958 年前建设了一些苏联设计的ⅡBP 型和ⅡK 式焦炉。1958 年后，我国自行设计并建设了一大批适合我国情况的各种类型的焦炉。20 世纪 70 年代末期，我国又完善了 1958 年后设计的 58 型焦炉，并设计、建造和投产了使用于中小型规模焦化厂的两分下喷式、66 型、70 型和红旗三号焦炉。进入 21 世纪以来，我国又相继建成并投产了 6.98m、7.63m 大容积顶装焦炉以及 5.5m、6.25m 高炭化室捣固焦炉。

焦炉发展到蓄热式后，焦炉各部位结构仍有很多进展，出现了各种型式的蓄热式焦炉，现代焦炉即指各种类型的蓄热式焦炉。

（一）现代焦炉的基本部分

现代焦炉虽有多种炉型，但均有共同的基本要求：

① 焦饼长向和高向加热均匀，加热水平适当，以减轻化学产品的裂解损失；

② 生产能力应与相关工业适应，焦炉机械设备的利用率和劳动生产率在适应我国情况和地方工业条件的前提下尽可能高；

③ 焦炉的热效率与热工效率应尽可能高；

④ 燃烧系数阻力小；

⑤ 结构简单，砖型少，既便于制造和砌筑，又要保证砌体坚固、严密、使用寿命长；

⑥ 劳动条件较好，操作控制方便。

现代焦炉如图 3-1 所示，主要由炭化室、燃烧室、蓄热室、斜道区、炉顶、基础和烟道等组成。

1. 炭化室

炭化室一侧推焦、一侧出焦。焦侧比机侧宽，以利于出焦。增大炭化室容积是提高焦炉生产能力的主要措施之一，许多大型焦炉炭化室的有效容积一般为 21～24m^3，大容积焦炉的炭化室有效容积为 35.4m^3，特大容积焦炉炭化室有效容积可达 50m^3。

（1）炭化室长度

大型焦炉炭化室长度一般为 13～15m。随长度增加，焦炉生产能力成比例提高，经济效果也提高。长度增加的极限取决于技术装备的条件，如推焦杆和平煤杆的热强度，能否很好解决长向均匀加热等问题。随着长度增加，炭化室锥度也增大，锥度大给焦炉调火和砌砖带来一定困难。因此，目前大容积焦炉的炭化室长度一般不超过 17m，炭化室的有效长度取决于炉门衬砖的厚度，我国焦炉的炉门衬砖厚度一般为 365～420mm。

（2）炭化室高度

炭化室高度一般为 4～5m。增加炭化室高度可以增加生产能力，且由于堆密度增加有利于焦炭质量的提高，但受到高向加热均匀的限制。炭化室装煤时上部应留出 200～300mm 的空间，供产生的荒煤气顺利排出，其装煤高度称为炭化室的有效高度。

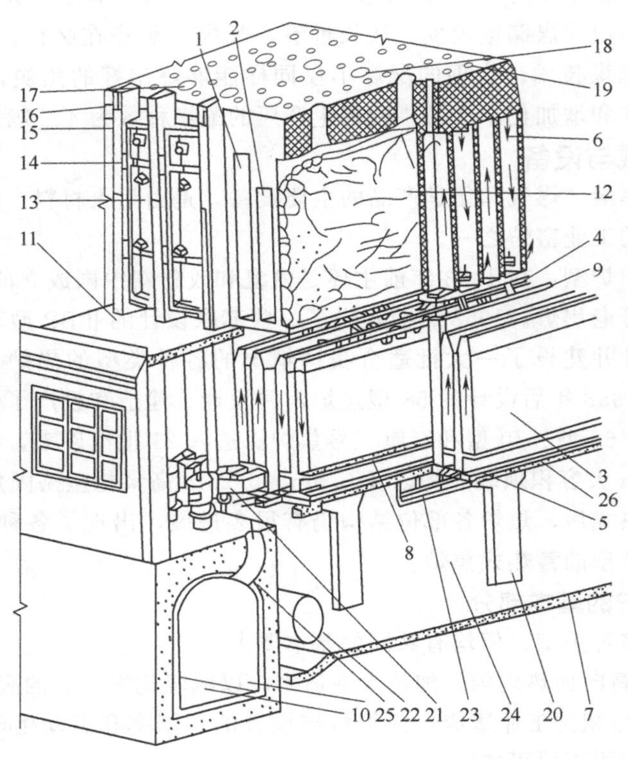

图 3-1 现代焦炉模型

1—炭化室；2—燃烧室；3—蓄热室；4—斜道；5—小烟道；6—立火道；7—焦炉底板；8—篦子砖；9—砖煤气道；10—烟道；11—操作台；12—焦炭；13—炉门；14—炉门框；15—炉柱；16—保护板；17—上升管孔；18—装煤孔；19—看火孔；20—混凝土柱；21—液气开阻器、两叉部；22—高炉煤气管道；23—焦炉煤气管道；24—地下室；25—烟气管道；26—焦炉顶板

(3) 炭化室宽度对焦炉的生产能力与焦炭质量的影响

增加炭化室宽度虽容积增大，装煤量增多，但因煤料传热不良，随炭化室宽度增加，结焦时间将延长，结焦速率降低，见表 3-1（火道温度按 1300～1350℃计），因此，炭化室宽度不宜过大，否则，反而降低焦炉生产能力。炭化室宽度减小，结焦时间大为缩短，但不宜太窄，否则，推焦杆强度降低，推焦困难，且结焦周期缩短后，操作次数增加。按生产每吨焦炭计，所需操作时间增多，耐火砖用量也相应增加，反而降低生产能力。炭化室宽度对焦炭质量也有影响。对于黏结性较好的煤料，易于缓慢加热。否则，在半焦收缩阶段，应力过大，焦炭裂纹较多，小块焦炭增加，故炭化室较宽些为宜。对于黏结性较差的煤料，快速加热能改善其黏结性，对焦炭质量有利，故炭化室较窄些为好。

表 3-1 炭化室宽度与结焦速率的关系

炭化室平均宽度/mm	300	350	407	450	500
结焦时间/h	10	12.5	16	18	22
结焦速率/(mm/h)	3.0	2.8	2.55	2.5	2.27

如上所述，由炭化室的长、宽、高所决定的炭化室容积，必须与焦炉的规模、煤质及所能提供的技术装备水平等情况相适应，因此不能脱离实际，片面追求焦炉炭化室的大型化。

2. 燃烧室

沿着长向用横幅隔墙分成若干立火道，越长则立火道越多，以利于增加结构强度和便于调节控制长向加热，一般大型焦炉的燃烧室为 26～32 个火道，中小型焦炉仅 12～16 个。燃烧室宽度一般比炭化室宽，以利于辐射传热。

如图 3-2 所示，按照上升与下降气流火道的连接方式，可以分为二分式、过顶式及双联式等。

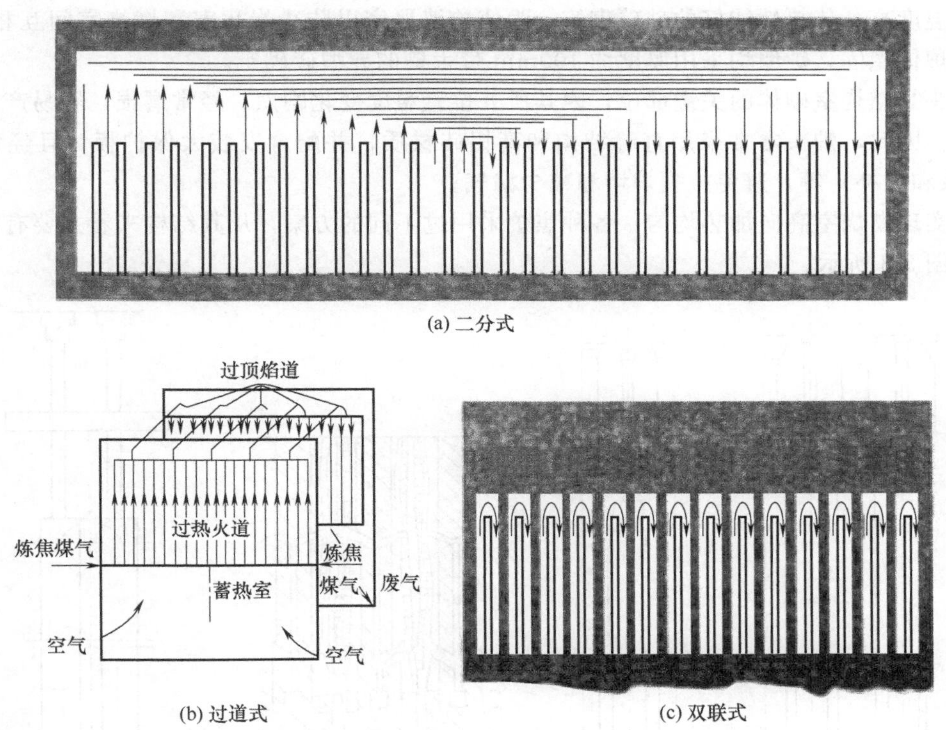

图 3-2　燃烧室

过顶式焦炉即一个燃烧室内各火道均为同向气流，气流方向不同的两个相邻燃烧室，以跨过炭化室顶的若干过顶烟道连接，故称过顶式焦炉。因炉顶结构复杂，炉顶温度高，操作条件不好，故我国不再建此种类型焦炉。

二分式焦炉的最大优点是结构简单，异向气流接触面小，但由于有水平集合焰道，使气流沿燃烧室长向分配不易均匀，同时削弱了砌体强度。因此，断面形状和尺寸应合适。为减少气流通过水平集合焰道的阻力，常增大其断面，但将削弱砌体强度。炭化室容积增大时，燃烧室废气量增多，二分式焦炉的缺点就更为突出。相反，中小型焦炉炭化室较短，且一般都用焦炉煤气加热，废气量小，上述缺点就不突出，故小焦炉多采用二分式结构，而大型焦炉则不采用。但国外有的大型焦炉，为充分利用二分式焦炉同侧气流同向的优点，将水平集合焰道断面设计成由炉头向中部逐渐扩大，以减少其阻力及对砌体强度的影响，故仍有不少大型焦炉甚至大容积焦炉采用二分火道式。

当二分式焦炉中进入焦侧火道的煤气和空气量多于机侧时，上升与下降的供热不易平衡，机、焦侧温差调节比较困难，因此机侧火道数宜比焦侧火道数稍多。但机侧火道数过多时，供热仍会失去平衡。

双联式火道结构，具有加热均匀、气流阻力小、砌体强度高等优点，但异向气流接触面较多，结构较复杂，砖型多，故小型焦炉均不采用。

燃烧室长度与炭化室相同，其高度比炭化室略低，两者之差称为焦炉的加热水平度，为避免干馏产物因热解而损失，此距离由煤的收缩性及火焰高度来决定。各种结构的焦炉加热水平度不一样，大型焦炉为600～800mm，中小型焦炉为400～500mm。

燃烧室的宽度一般比炭化室宽，这样有利于辐射传热和坚固炉体。现代大型焦炉均用荷重软化温度高、传热性能好的硅砖砌筑。为使炉墙严密以防止炭化室和燃烧室间互相串漏，又要使炉体稳固，炉墙均采用厚度约100mm带舌槽的异型砖砌筑。

炉头是燃烧室砌体的关键部位，因其所处位置温度变化剧烈、经常磨损，容易产生裂缝和变形。因此，炉头常常采用直缝结构和高铝砖材质，并配合安装大保护板，且经常维护（如喷浆和抹补）等，避免拉裂炉墙和减少漏气。

为实现燃烧室高向加热均匀，各种焦炉采用过不同的方案，从其结构来看主要有以下几种，如图3-3所示。

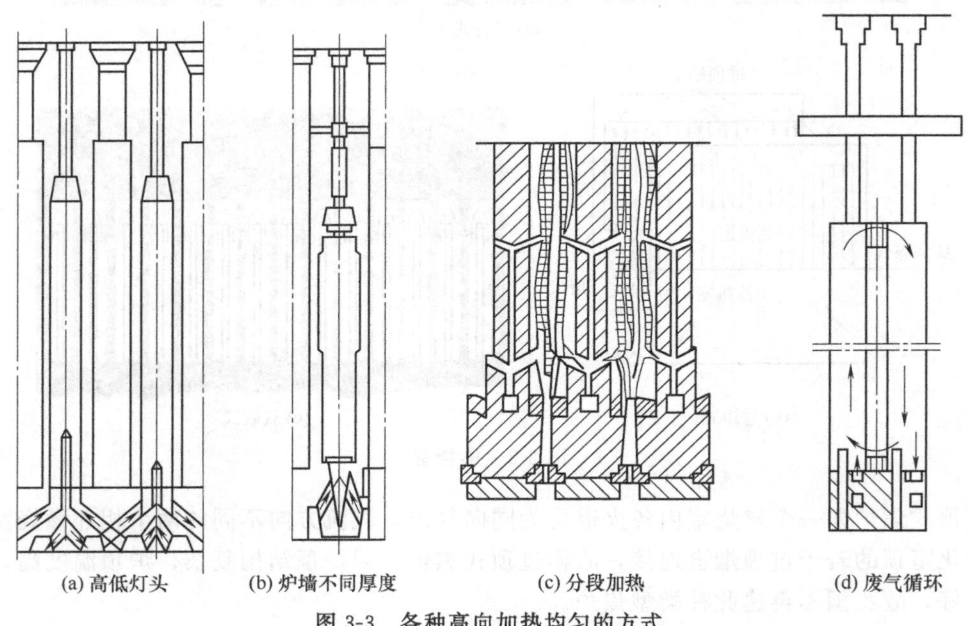

(a) 高低灯头　(b) 炉墙不同厚度　(c) 分段加热　(d) 废气循环

图3-3　各种高向加热均匀的方式

（1）高低灯头

双联火道中单数火道是低灯头，双数火道是高灯头（或相反），使火焰在不同高度处燃烧。此法仅限于焦炉煤气加热，效果也不显著，且由于高灯头高出火道底面一段，当送出煤气，自斜道来的空气常易将高灯头下面砖缝中的石墨烧掉，造成串漏。

（2）采用不同厚度的炉墙

采用不同厚度的炉墙即靠炭化室下部的砖加厚，向上逐渐减薄。因炉墙加厚，传热阻力加大，延长结焦时间，现已不采用。

（3）分段加热

分段加热是将空气沿立火道隔墙中的孔道，在不同高度供入火道中，使燃烧分段。这种措施，火焰可拉得较长，但焦炉立火道结构复杂，空气量调节困难，加热系统阻力较大。

（4）废气循环

废气循环是使燃烧室高向加热均匀，简单而有效，双联火道焦炉中，可在隔墙底部开洞，利用喷射力和浮力作用，将下降气流的部分废气抽入上升气流，以冲淡煤气，使燃烧减慢，火焰拉长。二分式和过顶式焦炉也可采取相应办法实现废气循环。

3. 蓄热室

就蓄热室类型而言，有纵蓄热室和横蓄热室之分。前者与燃烧室垂直并沿炉组纵长方向布置，每座焦炉仅有两个蓄热室，故构造简单，不需废气盘，换向装置也很简易。其缺陷是阻力大，各燃烧室的空气和废气量的调节砖设于炉内，调节麻烦，大型焦炉一般不采用。

横蓄热室与燃烧室、炭化室平行并置于其下，各种现代焦炉虽然蓄热室有宽窄、分格、不分格之区别，但基本部分是相同的，可分为带箅子砖的小烟道、隔墙、封墙、格子砖和蓄热室顶部空间等。

小烟道是蓄热室连接废气盘的通道，上升气流时进冷空气或高炉煤气，下降气流时汇集废气，因此温度变化剧烈，故硅砖小烟道内均衬以黏土砖。小烟道上的箅子砖，即用以支撑格子砖，更主要是通过箅子砖孔径的变化，使气流沿蓄热室长向均匀分布。箅子砖有圆孔形和方形两种。方形是工字或王字形砖，排列后由两块砖上的缺口构成箅子砖孔；圆孔形箅子砖在砖中间有圆锥孔，根据气体在小烟道内压力的分布，配置不同孔径的扩散或收缩孔型。

蓄热室隔墙是“主墙”（异向气流间的隔墙）和“单墙”（同向气流间的隔墙）的总称。主墙采用带沟槽的异型砖或“燕尾形”咬口砖砌成。

蓄热室内放置格子砖，小型焦炉可采用易于制造的普通的长方形或条形砖，十字交错成排放置，但气体通过时阻力大、蓄热面积小、蓄热效率低且易被高炉灰等堵塞，故现代大型焦炉均采用异型格子砖。格子砖放置时，上下层对孔排列，即克服上述格子砖的缺点，且易于清扫，但制造工艺复杂、成本高。

蓄热式封墙应绝热和严密，以降低蓄热室走廊的温度，并防止冷空气吸入蓄热室，降低炉头火道温度。封墙用黏土砖砌筑，中间砌一层绝热砖，墙外抹以石棉和白云石混合的灰层，以减少散热和漏气。

4. 斜道区

蓄热室和燃烧室间借助于斜道相互连通，斜道所在的砌体称斜道区。不同类型的焦炉，由于蓄热室和燃烧室连接方式的不同，斜道区结构也有所差异。二分式火道焦炉的斜道区较简单且较薄；双联式火道的复热式焦炉，由于每个燃烧室需同时和四个蓄热室连接，故斜道区较复杂。由于斜道是斜的，且上下口径又不相等，不同气流相互交叉，又有砖煤气道和膨胀缝，所以斜道区的结构是焦炉中砖型最多，结构最复杂，砌砖要求比较严格的部位。

斜道出口位置、交角、断面大小、高低均会影响火焰的燃烧。为了拉长火焰，应使煤气和空气由斜道出去时，速度相等，气流保持平行和稳定。

斜道的倾斜角一般不低于 30°，否则坡度太小，容易集灰和存物，日久导致斜道堵塞。斜道断面逐渐缩小的夹角一般应小于 7″，以减小阻力。

对于捣固焦炉，各烧嘴断面的面积之和为水平砖煤气道断面的 60％～70％为宜。太大则各烧嘴的调节灵敏性差；太小则增加砖煤气道内煤气压力，易漏气，且除碳空气不易进入，容易造成砖煤气道堵塞。

斜道区膨胀缝多，排砖时各层膨胀缝应错开，膨胀缝不要设在异向气流、炭化室底及蓄热室封顶等处，以免漏气。

5. 炉顶

炭化室盖顶砖以上的部位为炉顶，砌有装煤孔、上升管孔、看火孔、烘炉孔、烘炉水平道等，过顶式焦炉还砌有过顶焰道。为减少过顶散热，改善炉顶操作条件，炉顶不受压部位砌有绝热砖，看火孔盖下方设有“挡火砖”。炭化室与燃烧室盖顶的砖用硅砖，其他部位大都用黏土砖砌筑（过顶式焦炉的过顶烟道仍用硅砖）。

焦炉烘炉时，热源在炭化室内，热废气经烘炉孔进入燃烧室顶的烘炉水平道，再倒流入燃烧室。烘炉时各火道均经由烘炉水平道与路墙上的烘炉孔相通，烘炉水平道内设有调节砖，以调节进入各火道的废气量，烘炉结束转为正常加热时，烘炉孔用塞子砖堵死。

6. 基础平台

基础平台位于炉体的底部，它支撑整个炉体、炉体设备和机械的重量，并把它传到地基上去。焦炉基础平台的结构随炉型和煤气供入方式而不同，下喷式焦炉的基础平台是一个地下室，由底板、顶板和支柱组成，整个焦炉砌在焦炉顶板平台上。

大型焦炉的基础平台均用钢筋混凝土浇灌而成，为减轻温度对基础平台的影响，焦炉砌体下部与基础平台之间一般均砌有 4～6 层红砖。整个焦炉及其基础平台的重量全部加在其下的地层上，该地层即为地基。

不管哪种形式的基础平台，表面必须平整，上砌几层红砖，然后再砌耐火材料，由于膨胀系数不同，砌体与红砖层间铺以清洁河砂或钢板作滑动层。

（二）炼焦炉的煤气设备

焦炉煤气设备包括荒煤气导出设备和加热煤气设备，它是保证焦炉正常生产的关键设备，是焦炉热工调节的主要设施。

1. 荒煤气导出设备

荒煤气导出设备主要包括上升管、桥管、水封阀、集气管和吸气管等。荒煤气由炉顶空间经上升管、桥管进入集气管内，借氨水的喷洒并蒸发吸热，使煤气急剧冷却至 90℃左右。

上升管直接与炭化室相连，由钢板焊成或铸铁铸造而成，内衬耐火砖。桥管为铸铁弯管，桥管上设有氨水喷嘴和蒸汽管。水封阀可靠水封翻板及在其表面喷洒氨水而形成的水封，切断上升管与集气管的连接。翻板打开时，上升管与集气管接通。集气管是用钢板焊制或铆制而成的圆形或槽形管子，沿整个炉组置于炉柱的托架上，以汇集各炭化室来的荒煤气。集气管上部每隔一个炭化室设有带盖清扫孔，以清扫沉积于底部的焦油和焦油渣。通常集气管上部还设有氨水喷嘴，以进一步冷却煤气。集气管分单、双两种形式，单集气管多数布置在焦炉的机侧，具有钢材用量少、投资少、炉顶通风较好的优点；但装煤时炭化室内气流阻力较大，容易冒烟冒火。炉顶两侧都装有上升管和集气管，称双集气管。两侧集气管间，有横贯煤气管连接。煤气由炭化室两侧析出而汇集于吸气管，从而降低集气管内两端的压差，使全炉炭化室压力较均匀。装煤时降低炉顶空间煤气压力，减轻冒烟冒火，易于实现无烟装煤。生产中荒煤气在炉顶空间停留时间短，可以减少化学产品的分解，有利于提高化学产品的产率和质量。结焦末期由于机、焦侧集气管的压力差，使部分荒煤气经炉顶空间环流，降低了炉顶空间温度和石墨的形成。双集气管还有利于炉顶实现机械化清扫炉盖，但消耗钢材较多。

2. 加热煤气设备

近代大型焦炉均为复热式焦炉，即可使用焦炉煤气加热，也可使用高炉煤气加热。因此，大型焦炉均配备两套加热用设备，一般中小型焦炉只用焦炉煤气加热，故配备一套加热设备。

焦炉煤气管道有两种配置形式，一种是下喷式，煤气由下部进入焦炉，仅在地下室中部敷设一条主管，经竖管与横管相接，竖管上设有旋塞，它通过小横管与各下喷支管进入炉体内各立火道下面的垂直砖煤气道。另一种是侧喷式，煤气由机、焦两侧进入焦炉内。煤气管道的主管在交换机侧分成两个支管，分别进入机、焦侧烟道走廊。与支管连接的旁喷管，在机、焦两侧的斜通区部位进入焦炉，与水平砖煤气道相接，煤气经水平砖煤气道，再分配给各立火道。

高炉煤气管道布置基本相同，由总管来的煤气分配到机、焦侧的两根高炉煤气主管，再经支管供入焦炉。高炉煤气管道主要包括：高炉煤气立管、开闭器、机焦侧支管、一米管、旋塞等。

3. 交换设备

交换设备包括交换机和交换传动机构，它是用来改变焦炉煤气加热系统内煤气、空气及废气流动方向的装置。交换机按其工作原理可分为电动交换机和液压交换机两种。换向周期为20～30min，换向所用的时间通常为30～50s，该时间越短越好。

三、炼焦新技术

随着高炉大型化和高压喷吹技术的发展，对焦炭质量的要求日益提高。但是，国内外优质炼焦煤明显短缺，而低质煤炭资源丰富。为了扩大炼焦煤源，国内外已做了大量的工作，开发了各种用常规焦炉炼焦的新技术。

炼焦新技术可分为两部分：一是为扩大炼焦煤源，对配煤的预处理技术，如增加堆密度的有掺油，捣固，装炉煤的干燥、预热与型煤混装等，增加煤料胶质体的有添加黏结剂或人造黏结煤，减少收缩裂纹和如添加瘦化剂等；二是采用型焦。

（一）配煤预处理技术

1. 配煤掺油

配煤掺油后，由于煤粒吸附烃类化合物分子，在表面形成单分子层薄膜，产生油润作用，减少了由煤粒表面水分造成的颗粒间的附着力，使煤料流动性提高，堆密度增大；而且掺油量增加时，煤料的堆密度也增加（但掺油量一定时，煤料的堆密度随其水分的增加而降低）。

2. 捣固炼焦

将配煤在捣固机内捣实，使其略小于炭化室的煤饼，推入炭化室内炼焦，即捣固炼焦。煤料捣固后，一般堆密度由散装煤的0.72t/m^{3}提高到0.95～1.15t/m^3，这样使煤粒间接触紧密，结焦过程中胶质体充满程度大，并减小气体的析出速度，从而提高膨胀压力和黏结性，结果焦炭结构致密。采用捣固炼焦，可扩大气煤用量，改善焦炭质量，这已经被国内外大量生产实践所证明。

3. 干燥、预热煤炼焦

(1) 干燥煤炼焦

干燥煤炼焦是将煤料加热至约60℃，把水分降至4%～5%。用干燥煤炼焦可以达到如下效果：

① 提高焦炭质量；

② 改善焦炭质量，增加高挥发分弱黏结性煤用量；

③ 降低耗热量。

（2）预热煤炼焦

煤预热炼焦时，预热温度对煤的堆密度、煤质氧化和焦炭质量都有影响。国内外大量试验表明，一般以200～250℃为好。

4. 配型煤炼焦

配型煤炼焦是将装炉煤的30%～40%加湿到11%～14%，加6%～7%的软沥青为黏结剂，用蒸汽加热到100℃混合均匀，在成型机中压块成型，再与其余的粉煤混合装炉炼焦。这种方法是1960年由新日铁八幡钢铁厂首先研制成功的。国内宝钢也引进了成型煤工艺。成型煤炼焦可获得如下效果：

① 降低原料成本；

② 提高焦炭质量。

（二）型焦

1. 型焦目的和意义

从上述各种煤的预处理技术可知，在常规焦炉内炼焦，它们都可适当地增加弱黏结性煤或非黏结性煤的用量，但是配合煤的主体仍为炼焦煤，而非黏结性煤或弱黏结性煤只能作为辅助煤。根据我国的国情，即炼焦煤储存量少，而弱黏结性煤储存量多，急需扩大炼焦煤源。而型煤和型焦（统称为成型燃料），由于是以非炼焦煤为主体的煤料生产焦炭，所以被认为是广泛使用劣质煤炼焦的最有效措施；又因为型煤和型焦采用连续生产，设备是密闭的，故能有效地控制环境污染；所用机械比一般焦炉生产使用的简单，有利于实现生产的自动控制。因此，型煤和型焦被世界上各技术先进的国家所重视，我国也进行了大量的工作，这是我国发展科学技术，探索各类煤的利用新途径的一个重要方面。

2. 型焦概念

以非炼焦煤为主体的煤料，通过压、挤成型，制成具有一定形状、大小和强度的成型煤料，或进一步炭化制成型焦，用以代替焦炭。

3. 型焦类型

（1）按原料种类分

① 单种煤型焦，如褐煤、长焰煤和无烟煤等；

② 以不黏结性煤、黏结性煤和其他添加物的混合料制得的型焦。

（2）按型焦的用途分

① 冶金用型焦；

② 非冶金用或民用的无烟燃料。

（3）按成型时煤料的状态分

① 冷压型焦　冷压型焦是在远低于煤料塑性状态温度下加压成型，有加黏结剂与不加黏结剂两种。不加黏结剂的多数用于低变质程度的泥煤和软质褐煤。变质程度较高的粉煤，则需加黏结剂，否则成型困难。

② 热压型焦　热压型焦是煤料被加热至热塑性状态下压制成型的，加热方式用气体和固体热载体两种。一般热压成型煤料必须具有一定的黏结性，不需要外加黏结剂。

项目四　实践操作（水煤浆加压气化工段工艺仿真实训）

任务一　认识化工仿真培训系统

一、系统仿真简介

1. 基本概念

（1）仿真（simulation）

仿真是利用模型复现实际系统中发生的本质过程，并通过系统模型进行实验和研究的应用技术学科。

仿真按所用模型的类型（物理模型、数学模型、物理-数学模型）可分为物理仿真、计算机仿真（数学仿真）、半实物仿真；按对象的性质可分为宇宙飞船仿真、化工系统仿真、经济系统仿真等。

（2）过程系统仿真

过程系统仿真在本书中是指过程系统的数字仿真，它要求描述过程系统动态特性的数字模型，能在仿真机上再现该过程系统的实时特性，以达到在该仿真系统上进行实验研究的目的。

过程系统仿真由三个主要部分组成，即过程系统、数学模型和仿真机。

（3）化工过程系统仿真

化工过程系统，是由一系列单元操作装置通过管道组合而成的复杂系统。常见的单元操作装置有离心泵、压缩机、换热器、干燥器、吸收塔、精馏塔、工业炉及各种化学反应器等，而这些单元操作装置及其所构成的化工过程系统，又是由各种调节器、调节阀、检测仪、变送器、指示仪、记录仪或较先进的集散型计算机控制系统（DCS 系统）所监测控制。

（4）DCS 系统（distributed control system）

DCS 系统简称集散控制系统，是指利用计算机实现控制回路分散化、数据管理集中化的控制系统。下面要讲的化工仿真，主要是对集散控制系统化工过程操作的仿真。

2. 工业应用

（1）辅助培训与教育

采用过程系统仿真技术辅助培训，就是利用仿真机运行数学模型，建造一个与真实系统相似的操作控制系统，模拟真实的生产装置，再现真实生产过程（或装置）的实时动态特性。

大量统计结果表明，仿真培训可以使工人在数周之内取得现场 2～5 年的经验。这种仿真培训系统能逼真地模拟工厂开车、停车、正常运行和各种事故状态的现象，它没有危险性，能节省培训费用，大大缩短培训时间。许多企业已将仿真培训列为考核操作工人取得上岗资格的必要手段。

仿真技术在教学中的应用，尤其是在职业教育中的应用，更加显示出其优势。职业教育的目的是让学生既要学会专业理论知识，又要掌握专业技能，若在教学中将仿真技术和计算机辅助教学 CAI（computer assisted instruction）相结合，既能弥补课堂教学中的不足，又能改变群体教学中无法适应学生个体的教学方式。CAI 软件主要用于课堂辅助教学，对于课堂教学中不易表现、描述、讲解的内容，可以起到补充作用，其图文与声像并茂的效果可以大大提高课堂教学质量，同时可以缩短教学时间；其交互式的使用方式，可以极大地增强学生主动参与的兴趣，并给予学生充分的动手机会，教学中可以让学生集体上机操作，也可以让学生自由上机操作。

（2）辅助设计

仿真技术在不同行业、不同领域用于辅助设计的侧重面不同，它在化工过程领域中的应用主要有以下几个方面：

① 工艺过程设计方案的试验与优选；

② 工艺参数的试验与优选；

③ 设备选型和参数设计的试验与优选；

④ 工艺过程设计的开、停车方案的可行性试验与分析；

⑤ 自控系统方案设计的试验、优选与调试；

⑥ 联锁系统和自动开、停车系统设计方案的试验和分析。

（3）辅助生产

仿真技术辅助生产在大型复杂的工业过程中逐渐被采用，目前应用较多的有以下几个方面：

① 装置开、停车方案的论证与优选；

② 工艺和自控系统改造的试验与方案的论证、分析；

③ 生产优化可行性试验与生产优化操作指导；

④ 事故预定的试验与事故分析和处理方案论证；

⑤ 紧急救灾方案试验与论证。

（4）辅助研究

近年来，随着计算机硬件、软件技术的发展，仿真技术用于辅助研究越来越受到人们的重视，它在以下几个方面已收到了很好的效果。

① 计计算流体力学，尤其在航空、航天领域取得了非常好的效果；

② 分子工程研究中的仿真设计与试验；

③ 化工新工艺的研究与试验。

二、化工仿真培训系统简介

1. 化工实际生产过程

化工实际生产过程包括控制室、生产现场、操作人员、干扰与事故等几个主要因素，如图 4-1 所示。

控制室和生产现场是生产的硬件环境，在生产装置建成后，工艺或设备基本上是不变的。

操作人员是生产的关键因素，其操作技能的高低，直接影响产品的质量和生产的效率。操作人员可分为内操人员和外操人员，内操人员在控制室内，通过 DCS 对装置进行操作和

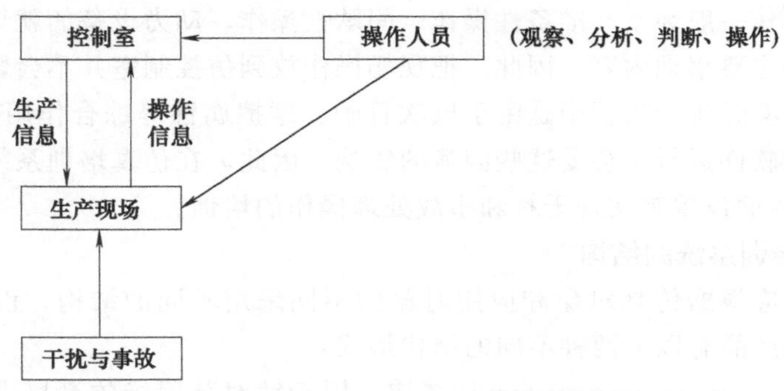

图 4-1　实际生产过程示意图

过程控制，是化工生产的主要操作人员；外操人员在生产现场，主要进行生产准备性操作、非连续性操作、一些泵的就地操作和现场巡检等。

干扰和事故是生产中的不确定因素，但对生产有很大的负面影响，操作人员对干扰和事故的应变能力和处理能力是影响生产的重要因素。干扰是指生产环境、公用工程等外界因素的变化对生产过程的影响，如环境温度的变化等。事故是指生产装置的意外故障或因操作人员的误操作所造成的生产工艺指标超标的事件，本书中所介绍的事故主要指生产装置（如设备、仪表等）的意外故障。

整个化工生产实际过程可以简述为：操作人员根据自己的工艺理论知识和装置的操作规程在控制室和装置现场进行操作，操作信息送到生产现场，在生产装置内完成生产过程中的物理变化和化学变化，同时一些主要的生产工艺指标（生产信息）经测量单元、变送器等反馈到控制室。根据内操人员观察、分析反馈回来的生产信息，判断装置的生产状况，进行进一步的操作，使控制室和生产现场形成一个闭合回路，逐渐使装置达到满负荷平稳生产状态。

2. 仿真培训过程

图 4-2 是根据实际生产过程设计的仿真培训过程。学生在“仿控制室”（包括图形化现场操作画面）进行操作，操作信息经网络送到工艺仿真软件，生产装置工艺仿真软件完成实际生产过程中的物理变化和化学变化的模拟运算，一些主要的工艺指标（仿生产信息）经网络系统反馈到仿控制室，学生通过观察、分析反馈回来的仿生产信息，判断系统的运行状况，从而进行进一步的操作，使仿控制室和工艺仿真软件之间形成一个闭合回路，通过操作，使系统逐渐调整到满负荷平稳运行状态。仿真培训过程中的干扰和事故，是由培训教师通过工艺仿真软件上的人/机界面进行设置。

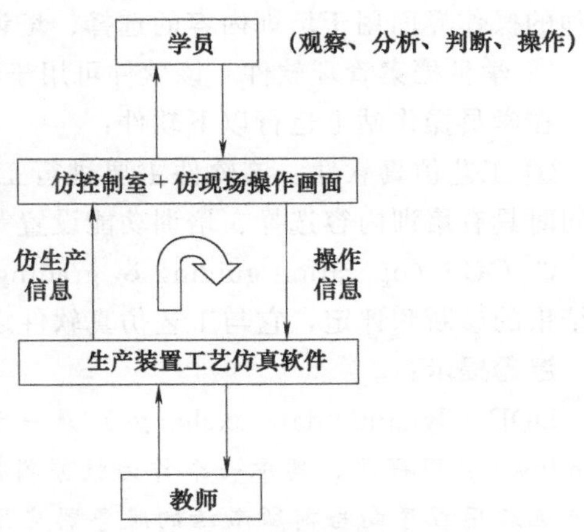

图 4-2　仿真培训过程示意图

3. 实际生产过程与仿真过程的比较

仿控制室是一个广义的扩大了的控制室，它不仅包括实际 DCS 中的操作画面和控制功能，同时还包括现场操作画面。仿真培训系统中无法创造出一个真实的生产装置现场，因此现场就地操作也只能放到仿控制室中。仿真培训系统中的现场操作，通常采用图形化流程图画面。由于现场操作一般为生产准备性操作、间歇性操作、动力设备的就地操作等非连续控制过程，通常不是主要培训内容，因此，把现场操作放到仿控制室并不会影响教学效果。

干扰和事故在实际生产过程中是由于风吹日晒、摩擦腐蚀等综合作用引起的偶发事件，仿真培训系统中的软件运行不会受这些因素的影响。因此，在仿真培训系统中，由授课教师通过软件的人/机界面设置来实现干扰和事故处理操作的培训。

4. 化工仿真培训系统的结构

仿真培训系统应根据仿真对象和应用对象的不同采用不同的结构，设置不同的培训功能。仿真培训系统产品有以下两种不同的结构形式：

一种是 PTS（plant training system）结构，用于针对装置级仿真培训软件。化工企业在岗职工的培训，接受培训人员相对较少，通常采用针对性较强的装置级仿真培训软件，这类软件要求与实际生产装置一致。

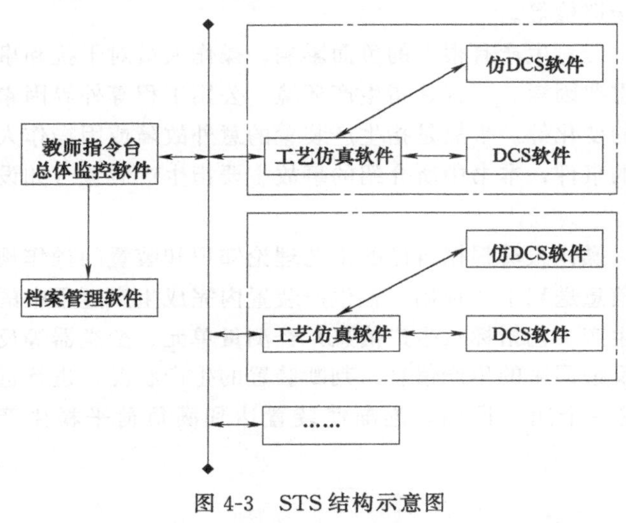

图 4-3　STS结构示意图

另一种是 STS（school teaching system）结构，用于针对单元级和工段级仿真培训软件。大、中专院校及职业技术院校等，接受培训人员多而且广，通常需要通用性较强、面较宽的单元级和工段级仿真培训软件，本书所介绍的化工单元仿真教学系统就是STS结构。如图 4-3 所示，STS的硬件系统是由一台上位机（教师指令台）和多台下位机（学员操作站）构成的网络系统。

在教师指令台上运行以下软件：

① 教师指令台总体监控软件　该软件是整个仿真培训系统的控制中心，教师的操作界面用于培训内容的选择、培训功能的设置等。

② 学员档案管理软件　该软件可用于学员接受仿真培训的档案管理。

在学员操作站上运行以下软件：

① 工艺仿真软件　该软件主要进行工艺仿真模型的计算，当在教师指令台上授权时，可同时具有培训内容选择、培训功能设置等功能。

② OGS（operation guiding & grading system）学员工艺操作指导　该软件主要进行操作结果的诊断和评定，它与工艺仿真软件之间通过 DDE 进行信息交换。

温馨提示：

DDE（dynamic data exchange）是一种动态数据交换机制。使用 DDE 通讯需要两个 Windows 应用程序，其中一个作为服务器处理信息，另一个作为客户机从服务器获得信息。客户机应用程序向当前所激活的服务器应用程序发送一条请求信息，服务器应用程序根据该信息作出应答，从而实现两个程序之间的数据交换。

③ DCS 仿真软件　该软件是学员进行仿真培训的操作界面，它不仅包括实际 DCS 中的操作画面和控制功能，同时还包括现场操作画面，它与工艺仿真软件进行实时数据交换。

STS 结构仿真培训系统的主要特点：

① 系统容量大，可同时进行 50 人甚至更多人的培训；

② 工艺仿真软件和仿 DCS 软件同时在学员操作站上运行，使每台学员操作站可以进行单机培训；

③ 各个学员操作站之间互不影响，各自操作自己的工艺仿真软件。

任务二　认识工艺流程

一、水煤浆制备

图 4-4 为水煤浆制备的工艺流程。

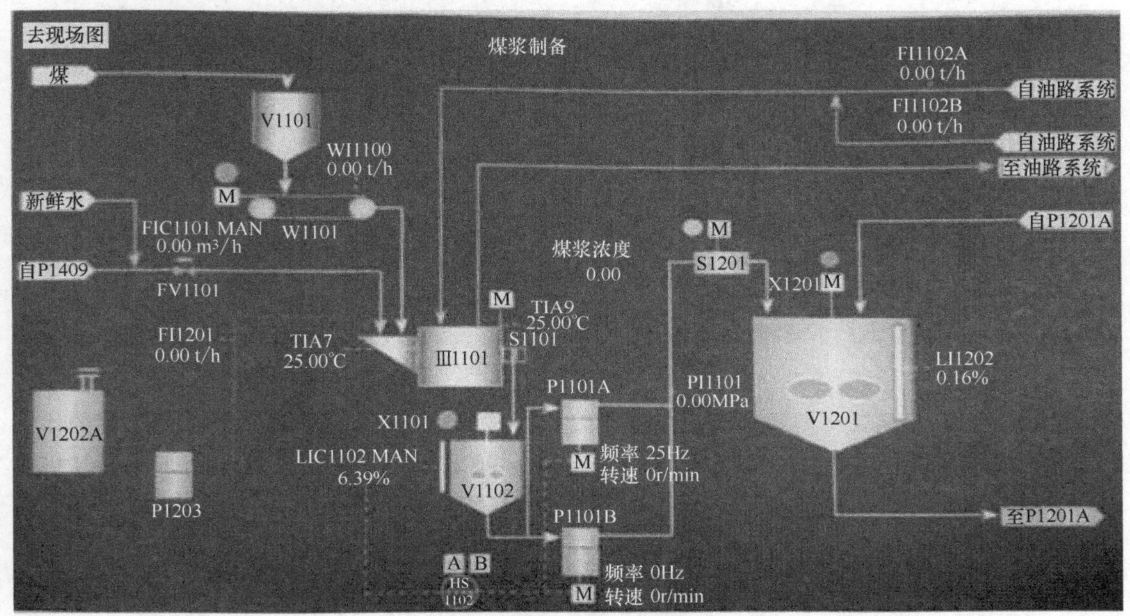

图 4-4　水煤浆制备工艺流程

水煤浆制备的任务是为气化过程提供符合质量要求的水煤浆。煤料斗中的原料煤，称量后，经称重给料机加入磨煤机中，向磨煤机中加入软水，煤在磨煤机中与水混合，被湿磨成高浓度的水煤浆。为了降低水煤浆的黏度，提高稳定性，需要加入添加剂。磨煤机制备好的水煤浆，经过滤除去大颗粒料粒，流入磨煤机出口槽（设有搅拌器），再经磨煤机出口槽泵，送到气化炉。

二、水煤浆加压气化

根据气化炉出口高温水煤气废热回收方式的不同，水煤浆气化的工艺流程可分为急冷式、废热锅炉式和混合式三种，本软件采用急冷式冷却。急冷流程是高温水煤气与大量冷却水直接接触，水煤气被急速冷却，并除去大部分煤渣，同时水迅速蒸发进入气相，煤气中的水蒸气含量达到饱和状态。

图 4-5 为水煤浆气化急冷简略流程图。浓度为 65％左右的水煤浆，经过振动筛除去机械杂质，然后进入煤浆槽，用煤浆泵加压后送到德士古喷嘴。由空分来的高压氧气，经氧缓冲罐，通过喷嘴（烧嘴）对水煤浆进行雾化后进入气化炉。

如图 4-6 所示，气化炉是一种衬有耐火材料的压力容器，由反应室和直接连在反应室底

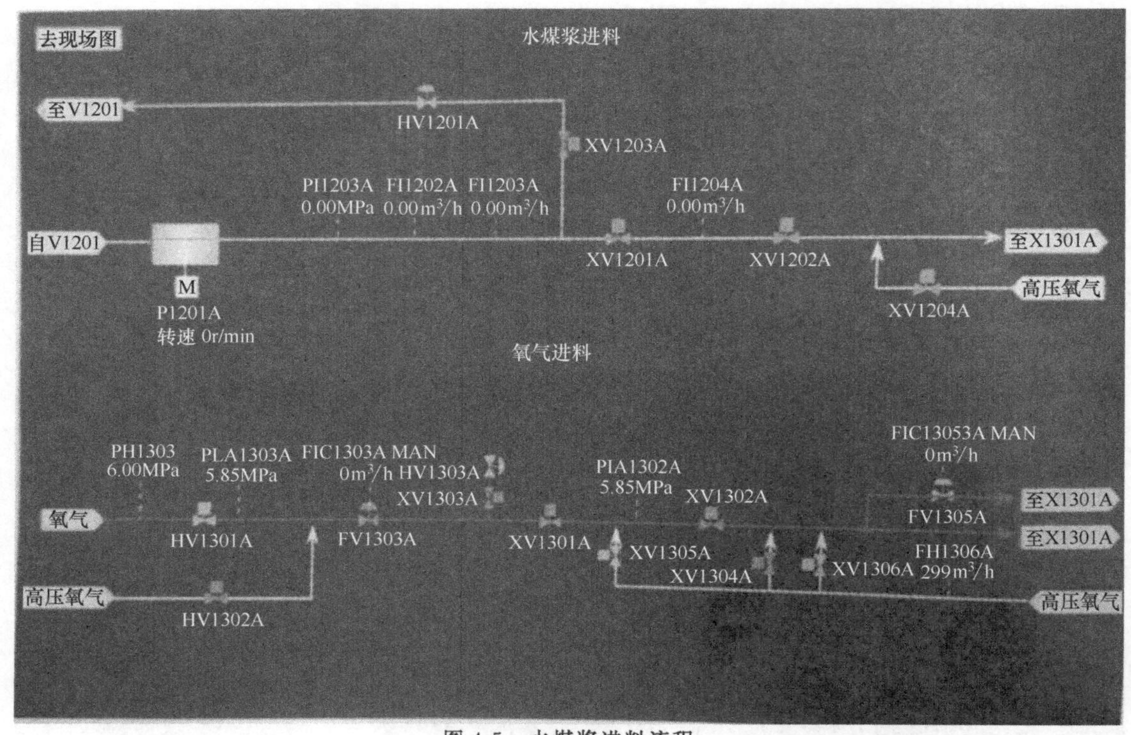

图 4-5　水煤浆进料流程

部的急冷室组成。氧煤比是影响气化炉操作的重要因素之一。水煤浆和氧气按照一定的比例喷入反应室后，在压力为 4.0MPa 左右、温度为 1300～1500℃的条件下，迅速完成气化反应，生成水煤气（主要是 CO 和 H_2）。为了保证气化炉的安全操作，设置了压力为 7.6MPa 的高压氮气系统。

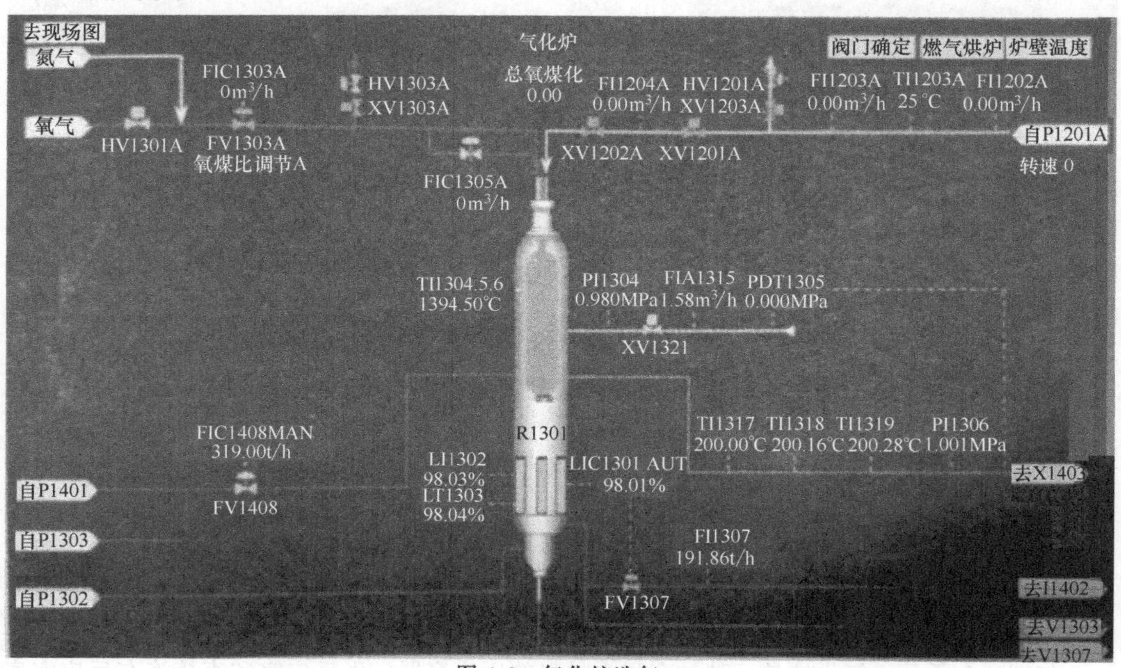

图 4-6　气化炉造气

由于气化反应温度高于煤的灰熔点，所以可以实现液态排渣。为了保护喷嘴免受高温损坏，设置有喷嘴冷却水系统，如图 4-7 所示。

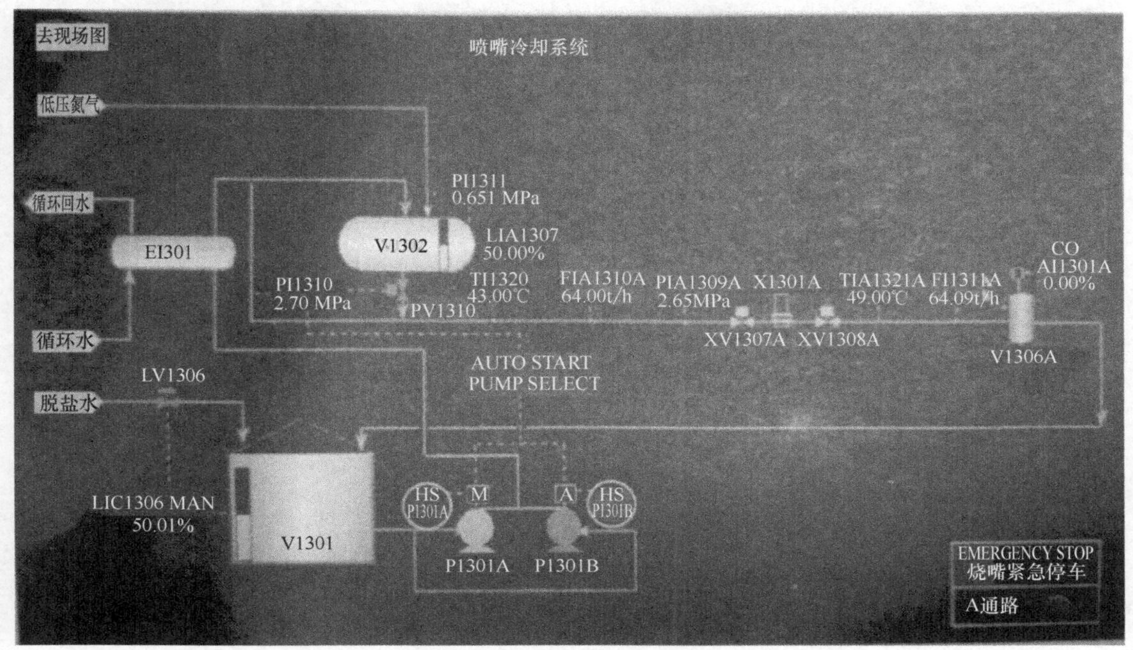

图 4-7 喷嘴冷却系统

离开反应室的高温水煤气进入急冷室，由水洗塔直接进行急速冷却，温度降到 210～260℃，同时急冷水大量蒸发，水煤气被水蒸气饱和，以满足一氧化碳（CO）变换的需要。气化反应过程产生的大部分煤灰及少量未反应的碳以灰渣 的形式除去，灰渣有粗渣、细渣之分，排出方式也有所不同。粗渣在急冷室中沉淀，通过水封锁渣罐，与水一同定期排出；细渣以黑水的形式从急冷室中连续排出。

离开气化炉的水煤气，依次通过文丘里洗涤器和洗涤塔，用灰水处理工段送来的灰水及变换工段送来的冷凝液进行洗涤，彻底除去煤气中的细末及未反应的炭粒。净化后的水煤气离开洗涤塔，送到一氧化碳（CO）变换工序进行变换。

三、黑水处理

如图 4-8、图 4-9 所示，由气化工段急冷室排出的含细灰的黑水，经减压阀进入高压闪蒸罐（T1402)，高温液体在罐内突然降压膨胀，闪蒸出水蒸气、二氧化碳、硫化氢等气体。闪蒸气经灰水加热器降温后，水蒸气冷凝成水，在高压闪蒸分离器（V1403）中分离出来，然后送到洗涤塔给料槽。分离出来的二氧化碳、硫化氢等气体，送到变换工段汽提塔中。黑水经高压闪蒸后固体含量有所提高，然后送到低压灰浆闪蒸罐，进行第二级减压膨胀，闪蒸气进入洗涤塔给料槽，其中的水蒸气冷凝，不凝气体分离后排入大气。黑水被进一步浓缩后，送到真空闪蒸罐中，在负压下闪蒸出酸性气体及水蒸气。

如图 4-10 所示，从真空闪蒸罐底部排出的黑水，固体含量约为 1%，用沉淀给料泵送到沉淀池。为了加快固体粒子在沉淀池中的重力沉降速度，从絮凝剂管式混合器前加入阴、阳离子絮凝剂。黑水中的固体物质几乎全部沉淀在沉淀池底部，沉降物中固体含量为 20%～

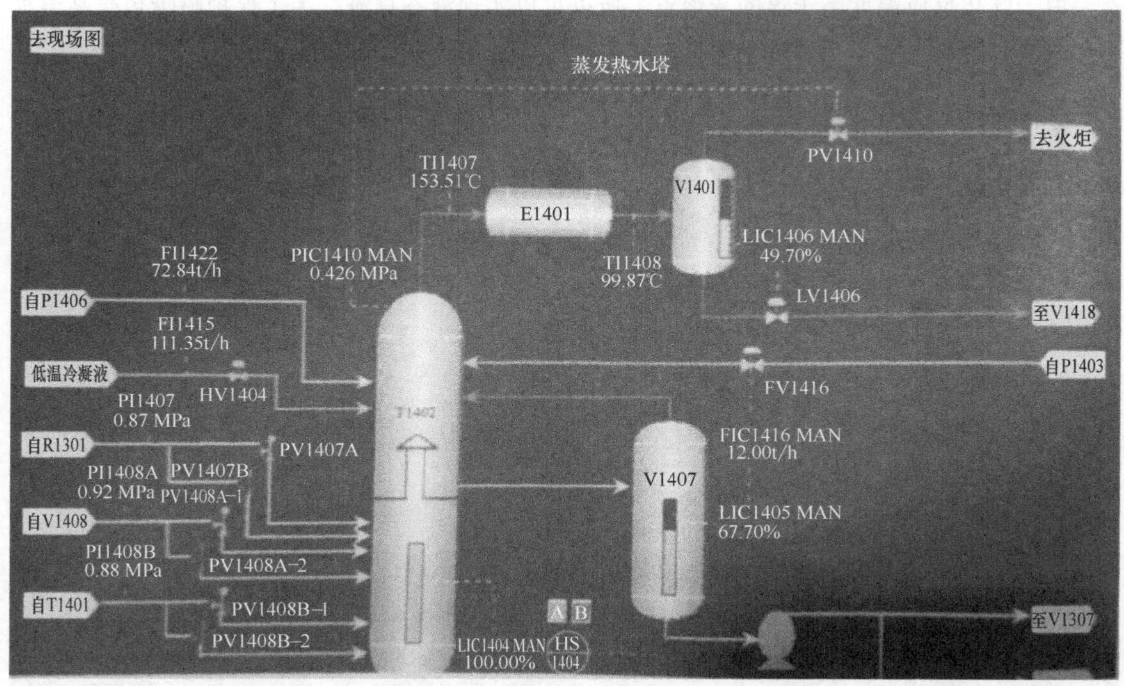

图 4-8　黑水一次分离流程

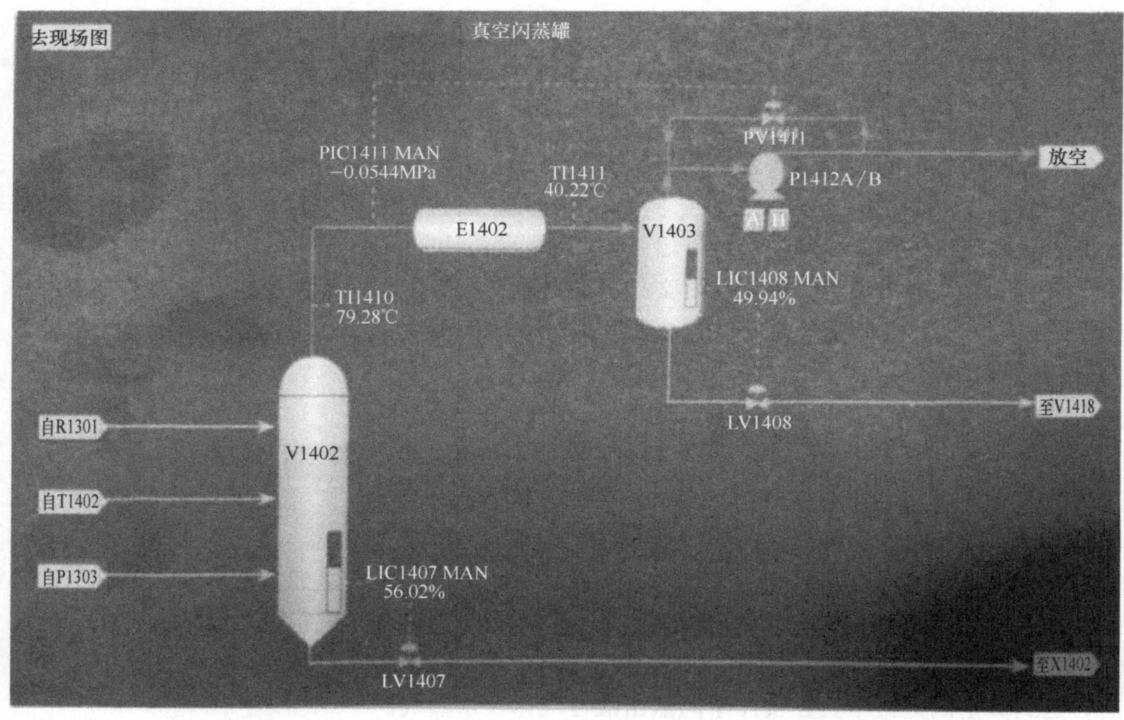

图 4-9　黑水二次分离流程

30%，用沉淀池底部泵送到过滤给料槽，再用过滤给料泵送到压滤机，滤渣作为废料排出厂区，滤液又返回沉淀池。

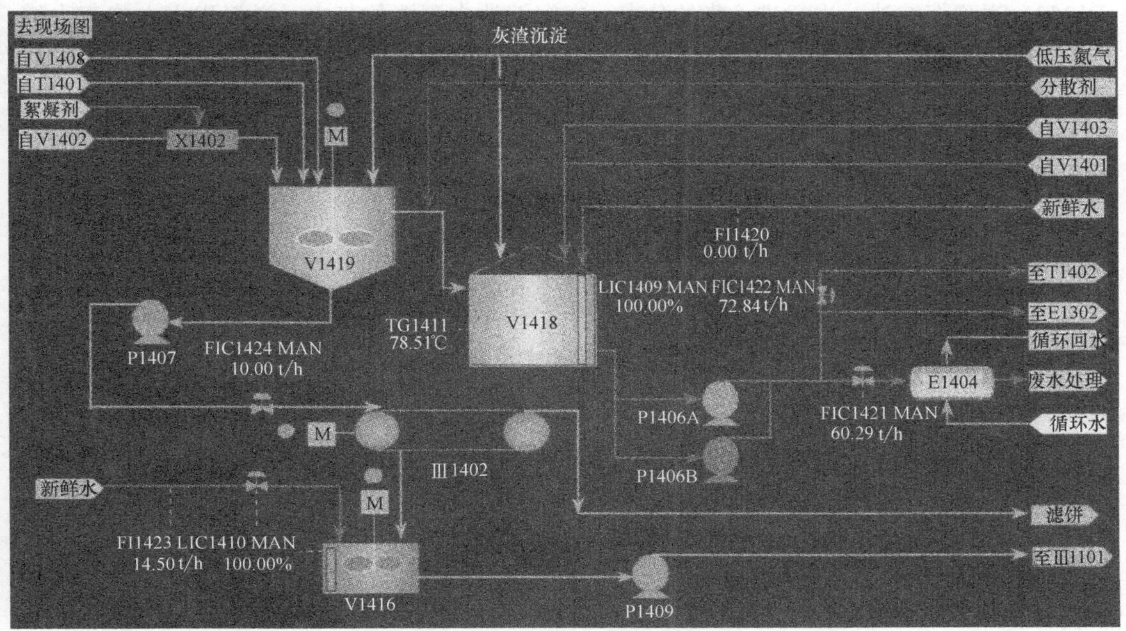

图 4-10　粗渣分离流程

四、灰水处理

灰水处理的任务是将气化过程送来的灰渣与黑水进行分离，回收的工艺水循环使用，灰渣和细灰作为废料，送出工段。灰水处理工艺流程如图 4-11 所示。

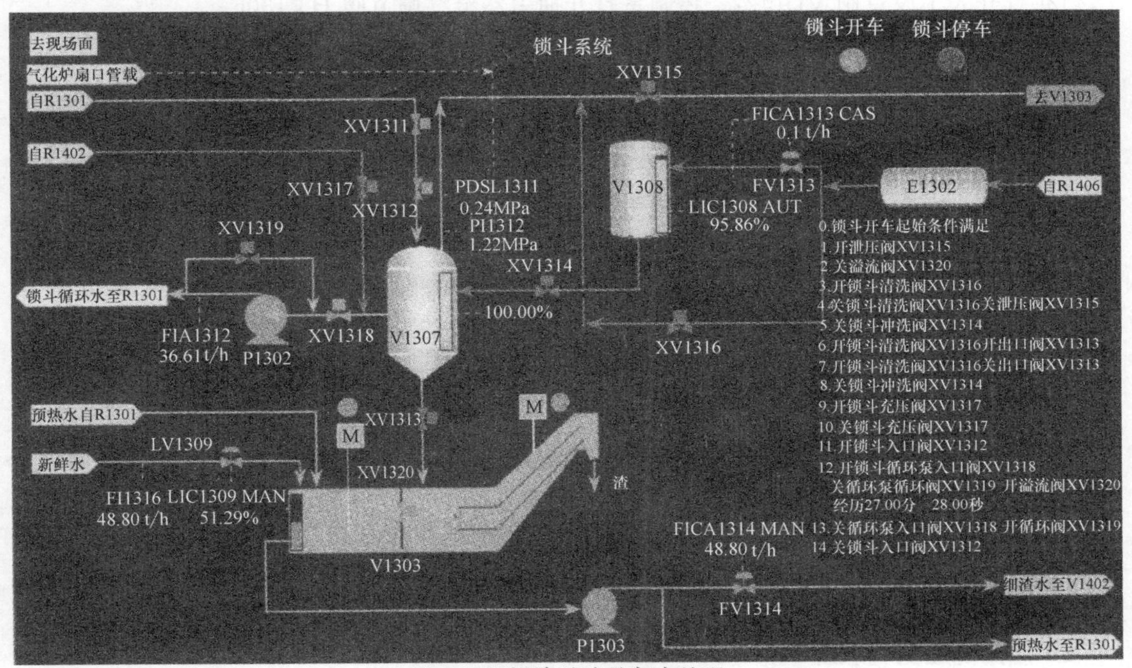

图 4-11　沉淀过滤及灰水处理

从气化炉锁渣罐（V1307）与水一起排出的粗渣，进入渣池（V1303）后，经链式输送机及皮带输送机，送入渣斗，排出厂区，渣池中分离出来的含有细灰的水，用渣池泵

（P1303）送到沉淀池，进行进一步的分离。在沉淀池内澄清的灰水，溢流进入立式灰水槽，大部分用灰水泵送到洗涤塔给料槽。在去洗涤塔给料槽的灰水管线上，加入适量的分散剂，避免灰水在下游管线和换热器中沉淀出固体。从洗涤塔给料槽出来的灰水，用洗涤塔给料泵输送到灰水加热器，加热后作为洗涤用水送入水洗塔。一部分灰水进入渣池，而另一部分灰水作为废水被送到废水处理工段，防止有害物质在系统中积累。

任务三　仿真系统操作

一、系统冷态开车操作

1. 水煤浆制备

① 打开新鲜水进水阀 VA1105；启动 P1102A；打开出口阀。

② 启动磨机 M1101；打开磨机新鲜水补水阀 FV1101，将新鲜水引入磨煤机；启动煤稳重给料机，调节入磨机煤量；打开添加剂泵 P1203 入口阀、出口阀、启动添加剂泵。

③ 当系统中有滤液时，打开滤液槽 V1416、进口阀 LV1410 及前后阀。

④ 启动泵 PI409；启动滚动筛 S1101；启动磨煤机出料槽 V1102 搅拌器，启动振动筛 S1201。

⑤ 按单体设备启动磨煤机出料槽泵 P1101A/B；打开阀门 VD1011，使水煤浆进入煤浆槽 V1201；启动煤浆槽搅拌器 X1201。

2. 启动开工抽引机

① 将气化炉合成气去开工抽引器管线上的“8”字盲板导通；全开烟气闸阀 VA1304。

② 打开人工段总阀 VD1427；控制室打开抽引器蒸汽调节阀 HV1306。

3. 燃料气烘炉

① 将燃气管线上的“8”字盲板导通；打开弛放气总阀 VA1504。

② 操作人员站在上风口，点燃预热烧嘴；燃烧正常后装预热烧嘴；控制室稍微打开 HV1305，观察气化炉测温热偶有上升；现场缓慢关闭 VA1506；按升温要求用 HV1305 调节入炉燃料气流量，用 HV1306 调节抽引蒸汽量，两阀配合调节气化炉温度。

4. 建预热水循环

① 气化炉预热水出口、入口阀盲板为导通；打开气化炉预热水出口入预热水槽 V1303A 入口球阀 VD1329。

② 打开激冷水流量调节阀 FV1408 前后阀；打开渣池泵出口去预热水管线的分支阀 VD1316。

③ 全开渣池补水阀 LV1309 及前后阀；为渣池 V1303 建立正常液位，在 60%附近投自动；打开一组激冷水过滤器进出口阀门。

④ 将泵 P1303 去 R1301 的“8”字盲板导通；按单体设备启动渣池泵 P1303，打开泵 P1303 出口阀 VD1507，供预热水到激冷环；控制室打开 FV1408，调节预热水流量为50m/h 左右。

5. 启用高压氮气系统

① 打开高压氢气储罐 V1206A、V1206B 出气阀门、进气阀门。

② 启动空外系统压缩机，向气化工段输送高压氮气。

③ 等待 P11207 压力＞10.0MPa；打开阀门 PV1209；调整 PIC1209 的压力在 5.9～

6.2MPa 范围。

6. 建立除氧槽水罐 V1405 液位

① 稍开除氧槽放空阀 PV1405；打开除氧槽压力调节阀 PV1404 及前后阀；控制室设定 PIC1404 为 0.02MPa，并将其设为投自动。

② 打开除氧槽液位调节阀 LV1403 及前后阀；建立除氧槽液位至 80%，将 LV1403 投自动。

③ 打开脱氧冷却水器 E1403 进出口阀门；按单体设备启动密封水泵 P1404A/B，向系统供应密封冲洗水。

7. 建立高温热水罐 V1407 液位

① 打开除氧水入蒸发热水塔流量调节阀 FV1416 前后阀。

② 打开酸性冷凝器 E1401 进出口阀。

③ 打开 PV1410 及前后阀；将 PIC1410 投为自动，设定值为 0.43MPa。

④ 打开 LV1406 及前后阀；将 LIC1406 投为自动，设定值为 60%。

⑤ 按单体设备启动脱氧水升压泵 P1403A/B；打开阀门 FV1416，建立高温热水储罐 V1407 的液位；将 LIC1405 投为自动，设定值为 60%；将 FIC1416 投为串级。

8. 建立水洗塔 T1401 液位

① 打开入水洗塔调节阀 FV1404 及前后阀。

② 打开入水洗塔调节阀 FV1405 及前后阀。

③ 按单体设备启动高温热水泵 P1402，控制室打开入水洗塔调节阀 FV1404、FV1405，建立水洗塔液位；将 LICI401 投为自动。

9. 建立高温冷凝槽 V1404 液位

① 确认关闭变换高温冷凝液人工段阀 V1906。

② 打开变换高温冷凝液槽压力调节阀 PV1402A/B 及前后阀；缓慢提高 PIC! 402 的设定值，逐渐提高变换高温冷凝液槽压力到 1.80MPa。

③ 打开高温冷凝槽液位调节阀 LV1402 及前后阀；将 LIC1402 投为自动，设定值为 80%。

10. 变换冷凝液泵 P1405 向水洗塔供水

① 打开变换高温冷凝液入水洗塔上部补水调节阀 FV1402 前后阀。

② 打开变换高温冷凝液入水洗塔中部补水阀 HV1402 前后阀。

③ 按单体设备启动高温冷凝液泵 P1405A/B。

④ 控制室手动打开调节阀 FV1402、HV1402，向水系统供水。

11. 预热水切换成激冷水

① 打开黑水循环泵出口去混合器流量调节阀 FV1308 前后阀；确认关闭中压氮气入旋风分离器阀门 VD1428；打开渣池泵出口入真空闪蒸罐调节阀 FV1314 前后阀。

② 打开真空闪蒸罐出口调节阀 LV1407 及前后阀。

③ 按单体设备启动黑水循环泵 P1401A/B；调节阀门 FV1408，使流量依然维持在 50m/h；逐渐关闭渣池泵出口至激冷水管线的最后一道球阀 VD1429 直至全关；关闭渣池泵去激冷水管线的第二道阀 VD1430；将第二道阀前盲板导为盲路。

④ 打开气化炉黑水出口流量 FV1307 前后阀；打开 FV1307 后去真空闪蒸罐的第一道、第二道阀门；控制室打开 FV1307，确认气化炉出水进入真空闪蒸罐，缓慢关闭气化炉出水

去预热水封槽阀门及盲板。

⑤ 打开渣池出口流量调节阀 FV1314；控制室保证真空闪蒸罐 V1402 液位稳定在 50%，向澄清槽补水。

⑥ 打开 XV1408 前后阀；打开 HV1403 前后阀。

⑦ 打开 FV1308；待旋风分离器液位达到 60%时，关闭 FV1308。

12. 投用灰水槽、澄清槽及其搅拌器

① 打开灰水槽补水阀 VA1708 补水，建立灰水槽液位 70%；关闭灰水槽补水阀 VA1708。

② 启动澄清槽 V1418 搅拌器。

13. 投用真空闪蒸系统

① 打开真空闪蒸冷凝器 E1402 进出口阀。

② 打开真空闪蒸罐压力调节阀 PV1411 及前后阀。

③ 打开蒸发热水塔入真空闪蒸罐液位调节阀 LV1404A 前后球阀。

④ 打开阀门 VA1613；按单体设备启动真空泵 P1412；打开阀门 PV1411 调节真空闪蒸压力；将 PIC1411 投为自动，设定值为－0.056MPa。

14. 向蒸发塔、高温热水储罐供水

① 打开低压灰水泵入蒸发热水塔流量调节阀 FV1422 前后阀。

② 按照单体设备启动低压灰水泵 P1406A/B；打开调节阀 FV1422；将 LIC1409 投为自动，设定值为 50%；将 FIC1422 投为串级。

③ 打开调节阀 FV1421 及前后阀，向废水处理工序供水。

15. 锁斗及捞渣机系统开车

① 启动捞渣机搅拌器。

② 打开锁斗冲洗水冷却器 E1302 循环水进出口阀门。

③ 打开灰水流量调节阀 FV1313 及前后阀；建立锁斗冲洗水罐液位 92%；将 LIC1308 投为自动，设定值≥60%。

④ 打开 XV1314，建立锁斗液位；锁斗处于 90%以上的高液位；待锁斗液位满足条件时，关闭阀门 XV1314。

⑤ 稍开高温热水泵至 XV1317 前阀 VD1514；打开锁斗循环泵出口至气化炉管线阀门 FV1312。

⑥ 打开阀门 XV1318；按单体设备启动锁斗循环泵 P1302；打开循环阀 XV1319，建立泵循环；关闭泵入口阀 XV1318。

⑦ 在控制室打开“锁斗安全阀控制”，XV1311 打开；打开渣池溢流阀 XV1320；按下“锁斗开车”按钮，锁斗自动循环开始。

16. 建立烧嘴冷却水系统

① 打开控制阀 LV1306 及前阀 VD1801；将 LIC1306 投为自动，设定值为 70%。

② 打开 A 通路低压氮气入烧嘴冷却回水分离罐流量计及前、后截止阀。

③ 打开入烧嘴的冷却水上水及回水管线的手动截止阀（每个烧嘴三只阀），确认烧嘴冷却水硬管分支上的阀门关闭（每个烧嘴两只）。

④ 打开循环水入烧嘴冷却水换热器进出口阀；确认 PV1301 关闭；按单体设备启动烧嘴冷却水泵 P1301A/B；用入各烧嘴的第一道截止阀 VA1804A 调节分支烧嘴冷却水进、出

口流量≥10.0m³/h。

⑤ 打开事故烧嘴冷却水槽安全阀旁路阀 VA1802；打开烧嘴冷却水去事故烧嘴冷却水槽截止阀 VA1803；当事故烧嘴冷却水槽液位达到 50%时，关闭截止阀 VA1803；打开低压氮气进事故烧嘴冷却水槽阀 VA1306，投用低压氮气；控制室确认事故烧嘴冷却水槽 PI1311 压力为 0.60MPa；烧嘴冷却水泵投自动。

17. 气化炉更换工艺烧嘴、将合成气出口工段盲板导通

① 将合成气管线出口工段盲板导通；确认气化炉已升至 1000℃以上；关闭燃料气调节阀 HV1305、手阀 VA1504；将燃气管线上的“8”字盲板变为盲路；拔出预热烧嘴；用法兰封住炉口。

② 软硬管切换开始实施；将工艺烧嘴安置在气化炉内；切换通路三通阀门；打开通路硬管阀门；关闭通路软管阀门；确认 XV1306A 切断阀前阀打开。

③ 关闭合成气去开工抽引器阀门 VA1304，停抽引器；控制室关闭抽引器蒸汽调节阀 HV1306；关闭人工段总阀 VD1427；抽引器“8”字盲板导为盲路。

18. 系统氮气置换

打开中压氮气去水洗塔安全阀后去火炬管线的阀门，用 FG1402 调节吹扫。

(1) 置换气化炉

将中压氮气入氧气 A 烧嘴高压氮气吹扫管线上的“8”字盲板导通、气化炉激冷室中部置换盲板导通，打开氮气切断阀，对气化炉进行置换；氮气置换约 5min 后，关闭中压氮气去氧管线的截止阀，并将盲板导为盲路；置换约 10min 后置换旋风分离器和水洗塔。

(2) 置换旋风分离器、水洗塔

现场将中压氮气入水洗塔管线上的“8”字盲板导为通路；打开中压氮气阀门，为水洗塔进行置换；现场将中压氮气入旋风分离器管线上的“8”字盲板导为通路；打开中压氮气阀门，为旋风分离器进行置换；导通入蒸发热水塔上、下塔中压氮气管线盲板；确认酸性气冷凝器出口至酸性气分离罐 PV1410 及前后阀全开；打开中压氮气阀门对上、下塔进行氮气置换。

(3) 置换闪蒸系统

导通入真空闪蒸罐中压氮气管线盲板；确认真空闪蒸冷凝器出口至真空闪蒸分离罐 PV1411 及前后阀全开；打开中压氮气阀门 VA1607 对闪蒸系统进行氮气置换。

置换合格后，关闭中压氮气阀门，停止对 T1402 上、下塔的置换；停止对闪蒸系统的置换；把真空闪蒸罐中压氮气盲板导为盲路；置换结束后，控制室关闭 XV1401、PV1401A/B。

19. 建立煤浆、氧气开工流量

① 控制室激活“煤浆阀 A/B 初始化”按钮，确认 XV1203A 打开；控制室激活“A/B 旁路允许开关”并打开 HV1201A/B 及现场阀门。

② 通知现场按单体设备操作启动煤浆给料泵 P1201A/B 打清水循环，运行正常后切换成煤浆循环，控制泵转速，使四条煤浆管线的煤浆流量为 40.8m³/h；现场打开 XV1204A 前阀、XV1304A 前阀、XV1305A 前阀、HVI302A 前阀打开氧气人工段阀 HV1301A。

③ 控制室激活“A/B 氧气放空阀初始化”，氧气放空阀 XV1303A 打开；打开氧气流量调节阀 FV1303A，调节氧气流量为 5000m³/h。

④ 用 FV1307 调节气化炉液位，逐渐提高气化炉液位＞35%，在 50%附近；打开

V1408 黑水出口流量调节阀 FV1309 及前后球阀；打开 T1401 出口流量调节阀 FV1406 前后球阀。

⑤ 控制调节阀 FV1303A，使 FIC1303A 氧气分支流量为 20000m³/h。

20. 投料前最终确认

① 确定阀门合成气放空管线背压放空阀 PV1401A/B 及后截止阀打开。

② 确认 XV1401 打开，确认 HV1401、HV1405 打开；确认中压氮气去水洗塔安全阀后火炬管线截止阀稍开，使现场流量指示 FCI1402＞440m³/h。

③ 确认火炬系统的常明火炬处于燃烧状态。

④ 确认 11.0MPa＜PI1207＜13.0MPa，压力低时联系空分送高压氮气；确认密封氮气压力＞6.0MPa。

⑤ 锁斗系统、烧嘴冷却水系统运行正常；各工艺参数最终确认；煤浆流量为 10.2m³/h；氧气流量为 5000Nm³/h；激冷水流量为 240m³/h；水洗塔液位为 4m；旋风分离器为 4m。

21. 气化炉投料

控制室激活“A/B 系统复位”按钮；控制室激活“A/B 氮吹复位”按钮，确认 XV1306A/B 打开；控制室将煤浆给料泵（P1201A）旁路按钮改为“旁路关”；控制室按下“A/B 烧嘴启动”，烧嘴投料。

22. 黑水、灰水切换操作

① 将水洗塔出口合成气管线上的 PIC1401 投为自动；逐渐提高 PIC1401 设定值，严格按照 0.1MPa/min 的速率进行升压；当系统压力升至 0.5MPa 时，对系统进行查漏，发现漏点及时处理；当系统压力升至 1.0MPa 时，打开 PV1407A；控制室打开 PV1407B。

② 关闭气化炉去真空闪蒸罐的阀门，将气化炉黑水切入到蒸发热水塔。

③ 控制室打开 PV1408A-1/2，缓慢打开 FV1309 阀，确认旋风分离器黑水进入蒸发热水塔。

④ 打开控制室 PV1408B-1/2，缓慢打开 FV1406，确认水洗塔黑水进入蒸发热水塔；确认打开 LV1404B 及前后球阀，逐步调节蒸发热水塔的液位到 60%。

⑤ 打开通路中心氧阀门 FV1305A；调整 P1201A 转速，使 FI1202A 煤浆管相流量在 68.8m³/h；控制室调节 FV1303A，使 FIC1303A 氧气分支流量为 27200m³/h。

23. 投用氧煤比联锁、向后系统送合成气

① 设置 A/B/C/D 通路氧煤比，并将其投为比值调节；当系统压力升至 4.0MPa，合成气温度达到 210℃后，通知调度由气化工段向后系统送气，现场打开出工段电动阀 HS1403；在 ESD 画面点击“合成气手动调节阀控制”按钮。

② 当后系统具备接气条件时，逐渐打开 HV1401；提高 PIC1401 设定值，减少火炬放空量，增加向后系统送气量，直至 HV1401 全开、PV1401A/B 全关。

③ 通过调节 HV1501 调节后系统压力，使合成气顺利进入下游系统；将 PIC1401 压力设定至高于系统压力 4.0MPa。

24. 启动真空过滤系统

打开澄清槽底流泵管线去真空过滤机手动调节阀 FV1424 及前后阀；启动滤液槽搅拌器；打开 LV1410 及前后截止阀；启动滤饼皮带输送器；按单体设备启动澄清槽体流泵，向真空过滤机供水。

二、系统正常停车操作

1. 煤浆制备系统停车

① 接制浆系统停车指令后，缓慢关闭煤储斗下部闸板阀；检查皮带上无积存原料煤后，按下煤称重给料机按钮。

② 按单体设备停添加剂给料泵 P1203A；打开去地沟导淋阀 VD1024，关闭阀门 VD1011，因煤浆不合格，停止向煤浆槽 V1201 供料。

③ 将入磨煤机工艺水量适量调大，对磨煤机内煤浆进行冲洗置换；磨煤机出料中煤浆浓度较低时，停止向磨煤机内加工艺水；按下磨煤机停机按钮。

④ 磨煤机出料槽液位降为 10%以下时，停出料槽泵 P1101A；连接冲洗水，冲洗出料槽 V1102；停止磨煤机 V1102 搅拌器的运行；关闭油路阀门；关闭油泵。

2. 气化炉停炉前确认和操作

① 确认高压氮气>10.0MPa；确认密封氮气压力 PI1209>6.0MPa。

② 提高氧煤比，操作炉温比正常温度高 20～30℃，运行 60min；逐渐降低运行负荷，加大激冷水流量，保持较高的系统水循环量；提温结束后，打开 XV1401；逐渐降低放空阀 PIC1401 的设定值；缓慢打开放空阀 PV1401A/B，将合成气送入火炬。

③ 渐关出工段阀 HV1401，直至出工段阀 HV1401 全关，PV1401A/B 全开；现场全关出工段电动阀 HS1403。

④ 适当加大气化炉下部黑水流量，排出系统灰渣；适当加大旋风分离器 V1408 下部黑水流量，排出系统灰渣；适当加大水洗塔 T1401 下部黑水流量，排出系统灰渣。

3. 烧嘴停车

① 控制室按下 A、B 烧嘴“紧急停车”，A、B 烧嘴停车；控制室按下 C、D 烧嘴“紧急停车”，C、D 烧嘴停车。

② 确认氧气管线高压氮气吹扫阀 XV1304A 打开；确认氧气切断阀 XV1301A、XV1302A，氧气流量调节阀 FV1303A 关闭；确认煤浆管线高压氮气吹扫阀 XV1204A 先打开后关闭；确认氧气切断阀、氮气密封阀 XV1305A 打开。

4. 停车后控制室操作

① 关闭入工段氧气切断阀 HV1301A/B。

② 确认密封氮气阀 HV1302A/B 全开；确认 PI1303A/B≥5.8MPa，PI1302A/B/C/D≥5.8MPa。

③ 控制室手动关闭 PV1401A/B，系统保压，保持水系统循环 1h。

④ 气化炉停车后，调整激冷水流量不低于 $50m^3/h$，维持在 $100\ m^3/h$；解除黑水循环泵 P1401A/B 自启动；打开控制室紧急补水阀 HV1403，防止水洗塔液位超高。

5. 停氮气吹扫

① 关小高压氮气阀 XV1306A、前阀 VA1309A；关闭煤浆管线高压氮气吹扫 XV1204A 前阀 VA1201A。

② 关闭氧管高压氮吹扫阀 XV1304A 前手动阀 VA1308A 和 XV1305A 前手动阀 VA1307A；关闭高压氮气入燃气室手动截止阀 XV1321 及前后阀。

6. 停高温冷凝液

① 关闭变换高温冷凝液入工段阀 VA1906。

② 打开 LV1402 及前后截止阀，给锅炉水补充。

7. 停低温冷凝液

关闭变换低温冷凝液流量调节阀 HV1404 及前后阀门。

8. 系统泄压

系统保压，水系统循环 1h；逐渐降低 PIC1401 的设定值，气化炉系统泄压；蒸发热水塔压力低、排水困难时，导通蒸发热水塔氮气置换盲板；打开中压氮气阀门，用氮气向塔内充压。

9. 黑水切换

① 当系统压力降至 1.0MPa 时，进行黑水切换。

② 现场打开水洗塔去澄清槽的第一道阀门、第二道阀门；现场打开旋风分离器去澄清槽的第一道阀门、第二道阀门。

③ 控制室关闭 PV1408B-1/2；控制室关闭 PV1408A-1/2；调整 FV1406 水洗塔底部黑水流量；调整 FV1309 旋风分离器底部黑水流量。

④ 打开气化炉去真空闪蒸罐管线的第一球阀、第二道阀门；关闭气化炉黑水入蒸发热水塔压力调节阀 PV1407A/B；调整 FV1307 控制气化炉黑水入真空闪蒸罐流量，逐渐降低气化炉液位。

⑤ 当系统压力降至 0.3MPa 时，打开旋风分离器底部第一道导淋阀、第二道导淋阀；排净锥底沉积物后，关闭导淋阀；打开水洗塔底部第一道导淋阀、第二道导淋阀；排净锥底沉积物后，关闭导淋阀。

⑥ 当系统压力降至常压，关闭 FV1406、FV1308，FV1309。

10. 变换高温冷凝水退出系统循环

① 等待变换冷凝槽液位降低到 30%；逐渐降低变换高温冷凝液槽的设定压力到 1.0MPa；控制室关闭水洗塔塔板流量调节阀 FV1402、冷凝液入水洗塔下部流量调节阀 HV1402。

② 关闭 FV1402 前后阀；关闭 HV1402 前后阀；按单体设备关闭泵 P1405A/B；关闭 V1404 液位调节阀 LV1402 及其前后阀门。

③ 打开 PV1402B；控制室将变换高温冷凝液槽 V1404 压力降为常压；关闭 PV1402A/B 及其前后阀。

11. 冲洗煤浆管线

① 按单体设备启动冲洗水泵 P1102。

② 确定 A、B 烧嘴已停车后，在 INTERLOCK 面板上点击“A/B 停车确定”按钮；确定 C、D 烧嘴已停车后，在 INTERLOCK 面板上点击“C/D 停车确定”按钮。

③ 关闭 P1201A/B 煤浆泵入口放料阀；打开煤浆泵 P1201A/B 去烧嘴的出口导淋阀 VD1209A；现场导通 XV1202A 前冲洗水导淋管盲板及阀门；现场连接 P1201A 入口处冲洗管线软管，导通煤浆泵入口管线盲板；当煤浆给料泵出口排水变清时冲洗合格，关闭泵出口导淋阀。

④ 打开 XV1201A，对烧嘴分支煤浆管线进行清洗；当从导淋管排出的水变清时，关闭 XV1201A。

12. 系统氮气置换

（1）置换气化炉

将中压氮气入氧气 A 烧嘴高压氮气吹扫管线上的“8”字盲板导通；气化炉激冷室中部

置换盲板导通，打开氮气切断阀，对气化炉进行置换；氮气置换约 5min 后，关闭中压氮气去氧管线的截止阀，并将盲板切换为盲路，置换约 10min 后，置换旋风分离器和水洗塔。

（2）置换旋风分离器、水洗塔

现场将中压氮气入水洗塔管线上的“8”字盲板导通；打开中压氮气阀门，为水洗塔进行置换；现场将中压氮气入旋风分离器管线上的“8”字盲板导通；打开中压氮气阀门，为旋风分离器进行置换；将入蒸发热水塔上、下塔中压氮气管线盲板导通；确认酸性气冷凝器出口至酸性气分离罐 PV1410 及前后阀全开；打开中压氮气阀门对上、下塔进行氮气置换。

（3）置换闪蒸系统

将入真空闪蒸罐中压氮气管线盲板导通；确认真空闪蒸冷凝器出口至真空闪蒸分离罐 PV1411 及前后阀全开；打开中压氮气阀 VA1607 对闪蒸系统进行氮气置换。

置换合格后，关闭中压氮气阀门，停止对 T1402 上、下塔的置换；停止对闪蒸系统的置换；把真空闪蒸罐中压氮气盲板切换为盲路；置换结束后，控制室关闭 XV1401、PV1401A/B。

13. 停烧嘴冷却水

① 确认气化炉液位降至预热液位；确认 PV1401A/B 及 XV1401 关闭；确认水洗塔合成气出口阀 HV1401、HV1405 及出工段电动阀处于关闭位置。

② 将气化炉合成气去开工抽引器管线上的“8”字盲板导通；打开合成气管线去真空抽引器阀门 VA1304；打开中压蒸汽入工段阀门 VD1427；投用开工抽引器，打开蒸汽调节阀 HV1306；调节气化炉真空度在－0.08～－0.01MPa。

③ 拔出通路工艺烧嘴；关闭烧嘴冷却水手动阀 VA1804A；关闭 A 通路硬管阀门；按单体设备关闭烧嘴冷却水泵 P1301A/B；关闭 A 通路回水分离罐氮气阀门。

14. 停锁斗系统

① 气化炉停车后，锁斗应至少运行 4 个循环，将系统内的灰、渣排出系统；按单体设备停锁斗循环泵 P1302；停锁斗系统，停捞渣机搅拌器。

② 渣池液位低时，打开渣池液位调节阀 LV1309，控制渣池液位；当渣池内无渣后，停捞渣机；当锁斗系统停车后，关闭循环水进出口阀门；锁斗停车后，关闭灰水阀门 FV1313 及其前后阀门。

15. 停系统大循环，预热水切换

① 将气化炉黑水出口去预热水封槽管线的盲板导通；现场打开去预热水封槽球阀 VD1329，气化炉出水进入渣池。

② 将预热水去激冷水管线的盲板导通；关闭渣池泵去真空闪蒸罐的阀门 FV1314；打开渣池泵入激冷水管线的三道球阀；关闭渣池泵去真空闪蒸罐的球阀 VD1508，确认预热水入激冷水管线畅通。

③ 按单台设备操作法停黑水循环泵、高温热水泵、低压灰水泵、密封冲水泵、真空泵、脱氧水升压泵。

④ 关闭低压蒸汽入脱氧水槽阀，停用蒸汽；关闭脱盐水入脱氧阀，停用脱盐水；当真空过滤机出口无滤饼排出时，按单台设备操作法停澄清槽底流泵、滤液泵，停各种搅拌器，冲洗干净真空过滤机滤布后停止运行，停真空泵；停絮凝剂、稳定剂系统。

参 考 文 献

[1] 许祥静. 煤气化生产技术. 北京：化学工业出版社，2012.

[2] 李赞忠，乌云. 煤液化生产技术. 北京：化学工业出版社，2012.

[3] 王利斌. 焦化技术. 北京：化学工业出版社，2012.

[4] 王壮坤. 化工单元操作技术. 北京：高等教育出版社，2013.

[5] 侯侠，王建强. 煤化工生产技术. 北京：中国石化出版社，2014.

[6] 陈国兆. 煤炭气化技术. 北京：煤炭工业出版社，2011.

[7] 胡瑞生，李玉林，白雅琴. 现代煤化工基础. 北京：化学工业出版社，2013.

[8] 何建平. 炼焦化学产品回收与加工. 北京：化学工业出版社，2006.

[9] 侯炜. 煤化工工艺仿真实训. 北京：北京理工大学出版社，2013.